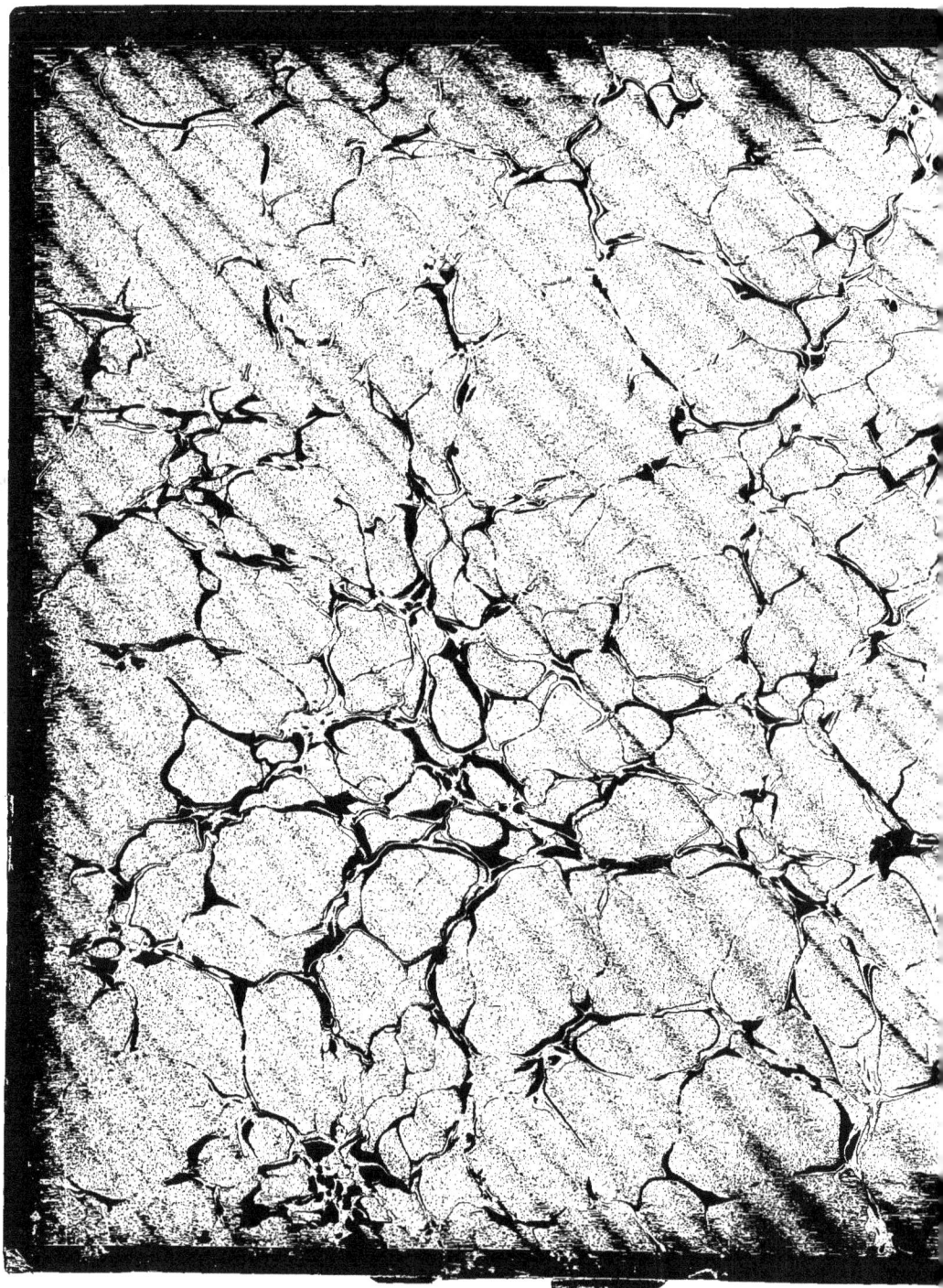

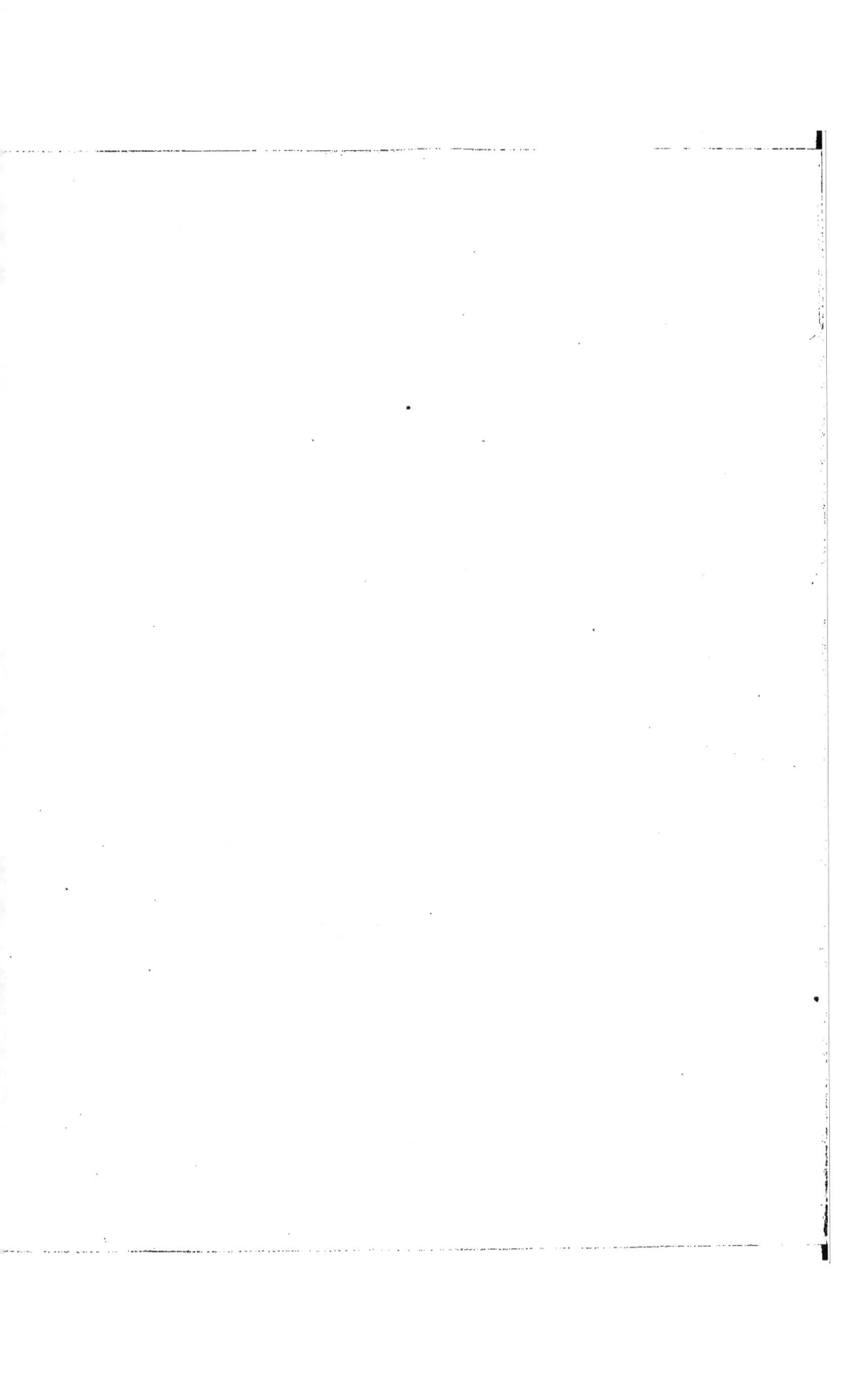

G. FRAIPONT

La Plante

DANS LA NATURE ET LA DÉCORATION

La Plante

FLEURS, FEUILLAGE, FRUITS, LÉGUMES

Dans la Nature et la Décoration

La Plante

FLEURS, FEUILLAGES, FRUITS, LÉGUMES

Dans la Nature et la Décoration

PAR

G. FRAIPONT

PROFESSEUR A LA LÉGION D'HONNEUR

OUVRAGE ORNÉ DE 16 AQUARELLES
ET DE 129 DESSINS DE L'AUTEUR

PARIS

LIBRAIRIE RENOUARD

H. LAURENS, ÉDITEUR

6, RUE DE TOURNON, 6

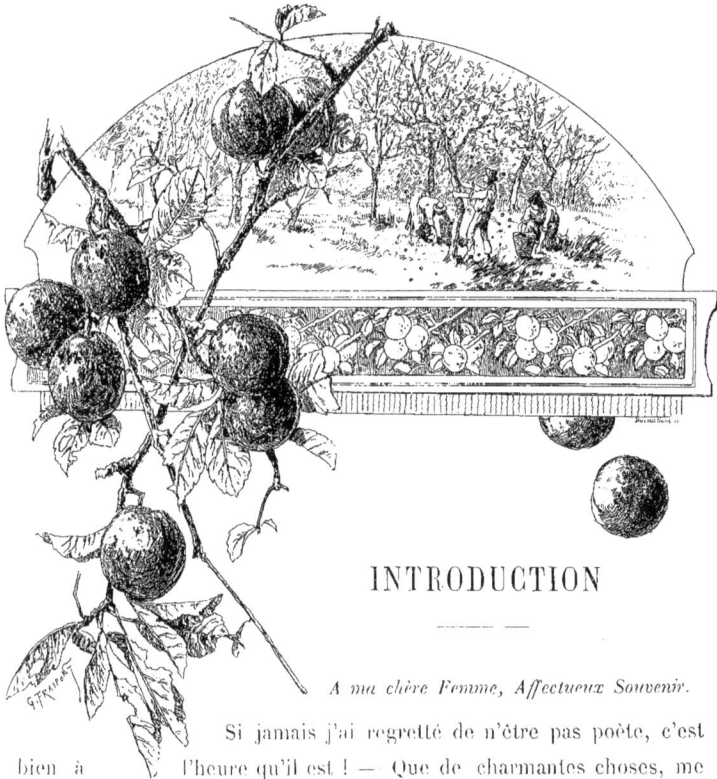

INTRODUCTION

A ma chère Femme, Affectueux Souvenir.

Si jamais j'ai regretté de n'être pas poète, c'est bien à l'heure qu'il est ! — Que de charmantes choses, me semble-t-il, j'eusse trouvées pour ce livre que je vais essayer d'écrire sur LA PLANTE. Comme j'eusse fait de beaux vers bien ciselés, alexandrins ou saturniens, hexamètres ou pentamètres — que de sonnets, de quatrains, de triolets m'eussent inspiré les fleurs de toutes couleurs, les plantes de toutes espèces au milieu desquelles j'ai la chance de vivre en ce moment, foulant dans mes promenades à travers la campagne les mignonnes marguerites, les brillants boutons d'or; m'accrochant à la ronce aux courbes élégantes ou au chardon pointu et pardonnant à l'une et à l'autre, en faveur de leur grâce, les accrocs faits à mes « haut-de-chausses » (et parfois à ma peau) comme on pardonne volontiers le mot piquant quand une jolie bouche le prononce... Oui! j'eusse dit, me paraît-il, de bien charmantes choses et dépeint bien joliment les champs piquetés de sanglants coquelicots ou d'azurés bluets, les vergers où pendillent les fruits vermeils, les mares où dorment les nénuphars aux tons crémeux et les iris à la robe dorée, mais voilà... je ne suis pas poète!.... Et ma foi, puisque je ne puis moi-même chanter la fleur « en vers », je la laisserai chanter à d'autres, quitte parfois à leur emprunter quelques bribes de leurs chansons.

A ce livre je ne puis trouver de meilleure préface que ces vers de mon ami Pierre Barbier :

GRISERIE LUMINEUSE.

Partout autour de moi la lumière ruisselle !
De chaque flot jaillit un rayon de soleil
Et dans le bois mouvant à la vague pareil,
Chaque aiguille de pin jette son étincelle !
Au fond du golfe court une ligne d'azur
Les Maures, long ruban qu'on voit au loin s'étendre
Entre deux clartés, l'eau limpide et le ciel pur,
Nappes d'azur aussi, mais d'un azur plus tendre !
Deux îles, les Lions, émergent du flot bleu !...
Il semble, le soleil brûlant leur granit rouge,
Que dans l'air surchauffé leur silhouette bouge
Et que ce sont, flottants, deux grands lions de feu !
Du feu partout! partout des rayons!... Chaque feuille
Des arbres vernissés qui scintillent dans l'air
Est un miroir tremblant d'où s'échappe un éclair !
J'ai des fleurs plein les mains ! c'est du feu que je cueille !
Roses? rayons pourprés!... mimosas?... rayons d'or!...
Rayons blancs, rayons bleus!... narcisses, primevères,
Iris grêles, œillets!... fleurs folles, fleurs sévères,
Nids où la chaleur couve, où la lumière dort!...
Je quitte ces jardins brillants !... j'ai besoin d'ombre!...
Nous touchons l'Estérel, j'entre dans la forêt,
Tissu de pins légers où l'azur transparaît!...
Je fuis le jour, le jour me suit! pas un coin sombre!..
Je monte... mon regard voit grandir l'horizon :
Là-bas le vieux Fréjus tout jeune encor de grâce
Sur sa fraîche colline où la clarté s'amasse ;
Un trait étincelant part de chaque maison!

INTRODUCTION.

Ici près, sous mes pieds, le Val des Lauriers-Roses,
Longue prairie où l'œil ne voit que des couleurs,
Des nuances, des tons, mais devine des fleurs,
Lueurs d'or et d'argent dans la fraîcheur écloses,
Pâquerettes, soleils épars dans les gazons !
Je côtoie un jardin qui meurt dans la vallée :
L'ardent camélia frôle la giroflée
Qui l'embaume de ses chaudes exhalaisons !...
Un diamant qui luit sur un fin chèvre-feuille
Se gonfle et lentement tombe imprégné d'encens !...
L'anthémis à l'éclat de neige le recueille !...
Un baume plus subtil vient pénétrer mes sens,
Haleine d'une fleur rêveuse qui soupire...
Elle aima le soleil dont les feux ruisselants
Se changent dans son cœur en des parfums brûlants !...
Les parfums ?... c'est de la lumière qu'on respire !
L'héliotrope est là gisant où j'ai marché !...
(La nature trop riche invite à son pillage !)
Un ruisseau court ! j'y vois flotter un coquillage :
J'étends vers lui la main sur la rive penché :

Encore un tiède encens !... C'est une fleur flottante !
Je la vole et m'enfuis ! Dans les gazons soyeux
L'anémone aux tons clairs me fait cligner des yeux !
La violette exhale une odeur qui me tente !...

Mais de tant de senteurs je fuis l'enivrement !...
Il me poursuit ! partout le thym rosé se pâme !
Partout les romarins m'entrent du bleu dans l'âme,
Points d'azur qu'on dirait tombés du firmament !
Je ferme en vain mes yeux affolés de lumière !...
Les parfums, ces rayons vagues et nébuleux
M'illuminent encor ! Je sens des parfums bleus !...
Puis c'est un parfum blanc ! je suis dans la bruyère !
Je cours ! Un parfum vert sort des pins argentés !...
Tout se trouble ! Et voici que dans ma griserie
La terre est lumineuse et la nue est fleurie !
Je ne distingue plus les parfums des clartés !
Soudain je crois planer ! Je suis sur une cime !
Tout est miroitement ! Tout jette un trait vermeil !
Mon âme par mes yeux prend un bain de soleil
Et j'ai d'un monde en feu la vision sublime :
L'Estérel au granit pourpre... un embrasement !...
Les Alpes... un feston de nacre, une guipure
D'éclairs changeants !... La plaine... une débauche pure
De paillettes !... la mer... un étincellement !

A mes pieds, sur mon front, du blanc, du bleu, du rose !
Devant moi jusqu'au flot tous les accents du vert !
En moi les chauds parfums de mille fleurs qu'arrose
Un torrent de rayons !... Nous sommes en hiver !

PIERRE BARBIER.

Des rimes aussi étincelantes eussent, dans ce livre, mieux convenu sans doute à la beauté du sujet, mais celui-ci porte en soi-même tant de grâces et tant de charmes, que la prose la plus modeste pourra peut-être garder encore quelques traces de son délicieux parfum.

G. F.

LA PLANTE

PREMIÈRE PARTIE
LA FLEUR DANS LA NATURE

CHAPITRE I
COMMENT NOUS ENTENDONS PARLER DE LA FLEUR

Les aimables lecteurs qui veulent bien se donner la peine de parcourir ces quelques pages seraient, sans nul doute, médiocrement charmés de voir émerger à tout instant des mots techniques plus ou moins sonores et parfois fort disgracieux à prononcer!... Qu'ils se rassurent; de la « *Bota-nique* », de la « *Botanographie* » nous n'en ferons point, étant fort piètre clerc en cette matière, qu'ils trouveront, du reste, très développée dans maints volumes *ad hoc*; je n'aurai garde ici de vous écorcher les oreilles avec les noms plus ou moins barbares dont les « scientifiques » ont jugé bon d'affubler les fleurs les plus mignonnes! Je ne discuterai point (ah! mais non!) l'utilité de ces baptêmes aussi latins qu'étranges, n'étant point de force à disserter avec messieurs les botanistes, gens fort savants, qui auraient vite fait de me « clore le bec »... N'empêche qu'ils ne me contraindront jamais à

1

dire : *Convolvulus sepium* quand je parlerai du Liseron, ou à m'écrier : « Ah !
que ce *Lonicera caprifolium* embaume donc ! » lorsque je voudrai dire que le
Chèvrefeuille répand une bonne odeur !

Le présent livre est destiné à ceux qui cherchent dans
la fleur des sujets à traiter, sujets toujours charmants,
toujours décoratifs. Or, pour ce faire, il est inutile d'être
un Linné ou un de Jussieu, il est superflu
de savoir la différence qui existe entre une
ioncaginée et une *asparaginée*, entre une
pipéracée et une *cannabinée* ... fi, les vilains
mots !

N'allez pas me croire, au moins, ennemi
de toute science et supposer que je me
moque de ceux qui cherchent à apprendre ;
nullement, je trouve au contraire la plante
fort intéressante à étudier à quelque point
de vue qu'on se place ; je suis même par-
tisan de ceux qui cherchent à acquérir
quelques notions de bo-
tanique.

Dans les lignes qui pré-
cèdent, j'ai tout bonnement
voulu prévenir toute confusion
qu'aurait pu faire naître le titre de
ce volume : « LA PLANTE ! »... Certains
eussent pu supposer que ce titre indiquait
une étude « technique » ; que l'auteur allait
leur apprendre (ce qu'ils savaient déjà), que
les plantes se divisent en *familles*, qu'elles ont
un *genre*, qu'elles forment des *groupes*, qu'il y a
chez les fleurs, comme chez les gens, diverses *classes* et qu'elles possèdent
des *ordres* variés, alors qu'il se bornera à parler tout bonnement de la fleur en
homme qui les aime de tout son cœur, en artiste qui les admire et tâche d'en
rendre de son mieux, avec son crayon ou son pinceau, les formes sveltes ou

les éblouissantes couleurs et qui essayera même parfois,
sans préoccupation de classement, de les décrire le moins
mal possible et de faire voir tout le parti qu'on en peut
tirer en art ; regardez attentivement la plus modeste fleur,
la plus simple brindille, — car je n'entends point parler
ici seulement des fleurs de nos jardins, de la merveilleuse rose ou du bégonia aux couleurs aveuglantes — et
jugez vous-mêmes !...

Certes, je trouve superbes les fleurs cultivées, mais
j'avoue avoir un faible pour nos fleurs des champs, pour les
fleurettes qui poussent le long des fossés ou au bord des
étangs. Si les premières nous enchantent par leurs brillantes
toilettes, par leur port superbe, les autres nous séduisent par
leur grâce.

Quoi de plus joli que l'églantine, par exemple,
quoi de plus élégant que la ronce dont je par-
lais plus haut, le pavot, le tournesol, la pâque-
rette ! Connaissez-vous rien de plus gracieux que
la fougère, rien de plus charmant que le muguet,
la bruyère, mille autres !

Aussi, dans le petit coin où je me réfugie l'été,
laissé-je pousser volontiers (pas partout, s'entend), l'ortie
et le chardon, le pavot et la digitale, ce qui scandalise
fort et les paysans mes voisins et le jardinier de céans,
lesquels sûrement me prennent pour la moitié d'un fou, sinon
pour un fou tout entier ; cette appréciation, qui me laisse froid
du reste, ne m'empêche, en aucune façon, de laisser le chèvrefeuille et le liseron s'enrouler capricieusement aux troncs
des arbrisseaux, la clématite lutter de blancheur avec l'aubépine, la carotte sauvage ou le mille-feuilles émerger des
buissons... à la condition toutefois qu'ils le fassent discrète-
ment.

J'ai déjà fait ailleurs pareille profession de foi ; on m'excu-
sera de recommencer ; si j'insiste, c'est que je voudrais bien

réhabiliter quelque peu de pauvres fleurettes méconnues de bien des gens, mais fort aimées des artistes. Je voudrais que tous ceux qui dessinent la fleur ne se bornassent pas à prendre comme modèles les plantes « perfectionnées » par d'habiles jardiniers, mais encore celles qui poussent à leur gré, guidées seulement par la nature, horticulteur de premier ordre et qui, mieux que tout autre, sait décorativement arranger un feuillage le long d'une tige ou piquer des pétales sur un calice.

On ne s'étonnera pas trop, après ce que nous venons de dire, de trouver, à côté d'un croquis de rose, la silhouette d'une chicorée sauvage, tout près d'un fier iris une modeste mauve. On verra que les uns ne le cèdent point aux autres et que, comme motifs décoratifs, les fleurs sauvages n'ont rien à envier aux fleurs « civilisées ».

CHAPITRE II

AU JARDIN

Vous voulez bien consentir, madame, à venir en ce joli pays arrosé par l'Yvette et à me prendre pour cicérone au milieu des plantes qui y verdoient ou y fleurissent; c'est là non seulement un grand honneur que vous me faites, mais encore un grand plaisir que vous me causez; aussi vais-je tâcher, pour vous prouver toute ma reconnaissance, d'être aussi peu ennuyeux que possible; si parfois je vous fatigue par ma persistance à vous parler des fleurs, vous en serez quitte pour vous boucher les oreilles en ouvrant grand les yeux... Si entendre bavarder vous ennuie, voir des fleurs vous enchantera toujours.

G. FROMONT

Il faut bien vous laisser le temps de vous acclimater un peu, aussi n'irons-nous pas bien loin aujourd'hui ; nous réserverons nos promenades

en plaine et en forêt pour un peu plus tard et nous nous contenterons pour l'instant de faire un tour au jardin. Oh ! ce n'est point un parc aux chemins droits bien sablés, aux plates-bandes bien découpées et garnies de fleurs rares à la vie desquelles maints jardiniers veillent constamment !... Non, les fleurs ici poussent à leur gré, fleurs portant des noms connus, aimés, point extraordinaires du tout : Roses, OEillets, Capucines et bien d'autres.

Quant aux « merveilles végétales », brillantes Orchidées ou Azalées multicolores, point n'en trouverez ici, — non que je les dédaigne — (un jour je vous demanderai peut-être à visiter avec moi quelques serres bien garnies) mais dame, n'a pas de ces fleurs-là qui veut ! Si je n'en possède point, je m'en console ; nos fleurs connues sont si jolies que je trouve inutile d'aller chercher les extraordinaires sujets qui doivent le jour à nos savants adonistes.

Ceci dit, je vous fais les honneurs de mon jardinet.

La Rose étant la reine des fleurs, allons tout d'abord à la rose.

> ... Les roses
> Ont des baisers !
> Des baisers pour tout ce qui brille,
> Lèvre ou rayon
> Flamme ou jeunesse !... jeune fille
> Ou papillon !...

Vous ne vous attendez pas, certes, à ce que j'essaie de vous la décrire?... Tout ce que pourrais vous en dire serait au-dessous de ce qu'on vous en a dit déjà. Vous savez comme moi qu'il en est de toutes tailles, petites roses pompons ou majestueuses roses de France, de toutes nuances depuis le blanc le plus pur jusqu'au rouge le plus profond, que les unes paraissent être de chair et les autres d'or. Vous avez comme moi été ravie non seulement par la fleur, mais aussi par la feuille charmante ; l'aiguillon qui se cache le long de ses tiges aura souvent, madame, amené au bout de vos doigts une gouttelette de sang carminé comme la fleur convoitée :

> Songe qu'à cette fleur si tendre
> La nature sut attacher
> Une feuille pour la cacher
> Une épine pour la défendre.

Toutes les qualités de formes, de couleurs et de dessin sont réunies dans la rose, qualités bien difficiles à rendre, exigeant une habileté, une souplesse d'exécution qu'on n'acquiert pas du premier coup.

Dans la vie végétale, tout comme dans la vie animale, la simplicité devrait toujours prévaloir!... Cette réflexion m'est suggérée à la vue des Dahlias que voici, dahlias simples, de tons variés et dont les pétales arrondis vont s'attacher à un cœur jaune éclatant et que je compare à ces autres dahlias que quelque horticulteur de goût douteux a voulu perfectionner et a transformés en ces affreuses fleurs, bêtement rondes, tuyautées comme des bonnets amidonnés par quelque blanchis- seuse. C'est aussi laid que prétentieux et ces petits alvéoles ne sont guère bons qu'à servir de repaire aux insectes; c'est la fleur à perce-oreilles... je déteste ces bêtes, je déteste cette fleur. Elle a beau se teindre en rouge, en jaune, en violet (on a offert une fortune à qui trouverait le dahlia bleu), elle reste ridicule. Le feuillage, heureusement, n'a pas voulu subir la même transforma- tion que la fleur, il a gardé ses formes décoratives et je l'en félicite de tout mon cœur... J'espère au moins ne pas avoir heurté vos goûts ?... J'en sais de plus in- dulgents que moi, qui ne professent pas la même antipathie pour le dahlia « perce- oreilles ». Et si, par aventure, madame, vous étiez de cet avis, je m'empresserais de retirer tout ce que j'ai dit... je me contenterais de le penser seulement.

Ne trouvez-vous pas que la Pensée est une bien jolie fleur, mais une fleur un peu morose ?... Tandis que l'œillet, la rose, d'autres encore vous mettent le cœur en joie, celle-ci vous attriste plutôt et vous fait malgré vous songer au jardin silencieux où les hommes, sans ordre de classe, sont couchés dans des tombes, les unes prétentieuses, écrasées par le poids des couronnes, les autres délaissées, envahies par les mauvaises herbes ; celles-

ci enfin, pieusement soignées, sont garnies de fleurs : Pensées surtout, fleurs
du souvenir, vraies fleurs de cimetière, elles réveillent dans la mort les gaietés
d'antan, elles rappellent l'image de ceux qui sont partis dans l'éternité, elles
sont des larmes qui ont fleuri. Leur vitalité se nourrit dans le repos. Douce
fleur, fleur élégiaque, la pensée est moins belle au point de vue de la forme
qu'au point de vue de l'idée qu'elle évoque; elle est, si j'ose ainsi dire,
allégoriquement décorative.

Voici une autre plante, quelque peu mélancolique aussi, dont je ne puis en
cette saison vous montrer que le feuillage, ce que je regrette, car sa fleur
aux pétales échevelés est merveilleuse et garde une étrangeté qu'elle doit
au pays où elle est née : Chrysanthème est son nom.

Le vent d'automne souffle et des nuées de feuilles mortes tourbillonnent
dans l'air, puis retombent avec un bruit sec sur le sol qu'elles jonchent de
taches rousses. Les flocons de neige vont bientôt remplacer les fleurs du printemps que le vent a emportées. Les chrysanthèmes aux pétales légers,
drus comme un plumage d'oiseau, blancs, jaunes, vieux rose ou vieux violet,
se cachent au milieu des feuilles festonnées.

L'arbuste se détache sur un champ lumineux. Ses feuilles, adroitement
ciselées, semblent engrenées les unes dans les autres. Les branches se
croisent en tout sens, supportant des sommets fleuris et chevelus.

On ne peut penser au chrysanthème sans penser au Japonais, au décorateur incomparable qui a rendu sous tous ses aspects cette plante superbe.
Le feuillage s'est, avec intention, teinté de tons froids pour rehausser l'éclat
des fleurs ; les nervures des feuilles se dessinent en clair et leur dentelle,
comme une trame, laisse par places entrevoir des tiges gracieuses: c'est le type
parfait de la plante vraiment ornementale.

Le chrysanthème, depuis quelques années, est devenu à la mode, mais hélas !
la mode commence à le gâter; d'abord souple, élégant, il adopte à présent des
toilettes tapageuses, il modifie ses formes, s'étale, agrandit ses pétales en les
tortillant en tous sens... Si cela continue il deviendra ridicule, insupportable.

Vraiment je trouve que la science « horticole » va un peu loin et qu'à
force de vouloir perfectionner les plantes, elle nous les abîme et les rend parfois monstrueuses. Au lieu de jolies fleurs aimables, à l'aspect bienveillant,
on en arrive à nous donner des sortes de phénomènes à l'air rébarbatif,

Jourds et disgracieux. Certaines fleurs, en certaines mains, deviennent un peu trop décadentes (lisez : incohérentes).

Ici, par exemple, ne fût-ce que par amabilité, vous ne pourrez manquer de pousser des exclamations admiratives ; en ce carré de Roses Trémières, que des gens sans respect pour les belles choses appellent vilainement roses à bâtons, j'ai mis toute ma coquetterie. J'ai un faible, je l'avoue pour cette plante. Elle a certainement été créée et mise au monde pour servir de thème aux artistes.

La tige de la rose trémière, enguirlandée de rubans multicolores, décorée d'insignes de toutes formes, se dresse toute rigide vers le ciel comme un mât de cocagne dont les fleurs sont les timbales.

Du bleu, du rouge, du jaune, du violet, du pourpre jaillissent de ses aisselles et ses feuilles larges, inégalement fendues et crénelées, grimpent le long de la hampe, se rapetissent en arrivant au sommet qu'elles abandonnent, laissant jaillir les mille couleurs répandues le long de la haute tige.

Le calice de la fleur est court, très évasé, serré contre la tige comme une coupe solidement attachée. Les pétales soudés sont fortement nervés et réunis au centre par une colonnette blanche formée des filets des étamines, et tandis qu'une théorie de fleurs s'épanouit, d'autres fleurs commencent à s'ouvrir,

2

pendant que des boutons, grelots verts, attendent leur tour de floraison. L'ensemble est d'autant plus éclatant que chaque hampe est surmontée de fleurs de tons différents et de formes variées, fleurs simples à corolle unie, fleurs doubles à pétales en bouffettes, unies ou striées de plusieurs tons, fleurs splendides auxquelles j'accorde tous mes suffrages. Est-ce la diversité de ses couleurs qui lui a valu la diversité de ses noms ?... En tous cas si la plante est polychrome elle est également polyonyme : passe-rose, bâton de Jacob, bourdon de Saint-Jacques, rose de Damas, rose de mer ou d'outre-mer... que sais-je !

Ici furent des Tulipes, — je dis « furent » car, vous, le voyez, il n'en reste plus que quelques feuilles, de fleurs, plus trace ; celles-ci apparaissent aux premiers jours de printemps. Vous la connaissez certainement cette fleur chère aux Hollandais. La Hollande, pays très curieux bien qu'un peu monotone, s'égaye des notes chatoyantes que la tulipe aux tons variés répand dans les longs prés verts sillonnés de canaux où glissent silencieusement des bateaux voiliers sous des moulins aux formes étranges.

Les couleurs de la tulipe sont des plus riches, et commencent aux tons les plus clairs pour finir aux tons les plus sombres; se niellant, se piquetant, se lamant parfois de dix tons différents, aucune nuance ne lui est inconnue elle les prend toutes, s'habille de blanc ou de jaune, de rouge ou de rose, de violet ou de mauve. Si les couleurs sont très variées, les formes le sont moins; les pétales s'appointent ou s'arrondissent, se resserrent ou s'évasent en venant se river à l'ovaire triangulaire entouré d'anthères bien développées en forme de marteaux. La tige cylindrique est composée de feuilles glabres, glauques, où elle se blottit comme en un manchon.

Il est une étrange espèce de tulipes nommée tulipes perroquets; le fait est qu'elles font penser à ce singulier oiseau auquel elles ont emprunté, non seulement les couleurs du plumage, mais encore certaines allures « casca-deuses »; hérissant leurs pétales dentelés comme le cacatoès hérisse ses plumes, elles prennent des airs fantastiques qui siéraient à merveille à quelque décoration non moins fantastique...; mais passons car tous mes bavardages sur la tulipe ne vaudront point pour vous la vue de la moindre d'entre elles et je n'en ai, malheureusement, pas à vous offrir.

Arrivons aux OEillets. Fleur païenne, son étymologie est fleur de Jupiter. Ce Jupiter était un dieu qui ne manquait pas de goût, me paraît-il, car il avait choisi là une fleur ravissante, fort curieuse et très ornementale.

Ses pétales roulés sur eux-mêmes, dentelés et étalés en forme de roue, sont striés de velours; leur ensemble compose une rosace délicate. Les feuilles opposées s'attachent sur des tiges noueuses, frêles et très élégantes; ses feuilles se croisent capricieusement tortillées sur elles-mêmes. Dans les œillets de Chine, elles se contournent, s'enlacent, enveloppent dans leur forme les pétales barbus, contrariés des fleurs. Est-ce parce qu'elles sont d'un pays où les femmes se compriment les pieds dans des chaussures trop étroites qu'elles semblent emprisonnées dans un calice trop étroit, lui aussi, où elles se tordent mal à l'aise?

Les pétales sont lisérés, bigarrés, striés et poudrés; peints de très diverses manières, ils sont tantôt incarnat, rose, carmin, vermillon, tantôt pourpre, violet, lie de vin, ardoisés. Les dispositions bizarres, les chamarrures, les ponctuations sont un élément décoratif, dont les ressources ici sont inépuisables.

Si l'œillet est coquet, la fleur que voilà, l'Iris, est majestueuse. Fleur aristocratique, l'Iris lève la tête comme un fier baron de jadis portant haut sa couronne et son blason.

Les trois pétales supérieurs, dressés et ondulés, semblent les volets d'un casque, ceux du bas, retombants, en semblent les jugulaires. Ces pétales, soutenus par une ossature solide, sont niellés au milieu de longs poils d'or serrés les uns contre les autres comme les grilles de la visière. A l'intérieur, la fleur est bardée de trois lames voûtées, vrais panaches lilas et blanc.

Les feuilles, lances rigides, protègent la fleur ; à ses pieds, autour d'elle, humblement penchées, des fleurettes ont poussé et semblent des vassaux saluant leur seigneur.

Mais nous voici devant une fleur bien plus aristocratique encore, fleur royale, en même temps que fleur virginale : le Lis.

Il est la représentation d'une dynastie de nos rois, il a marqué leur passage en consacrant sa fleur à leur souvenir, il est bien français puisqu'il fut placé au sommet de la couronne de France.

Par sa blancheur immaculée, par la simplicité calme de ses lignes impeccables, il est l'emblème de la pureté. Les clous d'or, qui sont ses anthères, semblent les longs battants d'une cloche qui sonnent l'angélus quand le soleil tombe dans l'horizon. Si le lis blanc est la fleur des rois, il est surtout la fleur de la Vierge.

Le lis jaune est plus profane. Les fleurs dressées naissent d'un verticille de trois à cinq feuilles et les pétales, plus contournés, plus amincis par la base, sont aussi plus flamboyants. Des lis jaunes groupés les uns à côté des autres font un bouquet de feu ; les pistils éclatants se dressent au milieu des calices rutilants ; c'est une gerbe de flammes, c'est le soleil aveuglant, brûlant, à côté du lis blanc, soleil limpide, bienfaisant. En somme le lis est non seulement une fleur allégorique à plusieurs titres, mais encore une fleur suprêmement ornementale, décorative.

G. FRAIPONT.

IMP. N. LASSELMANN, PARIS.

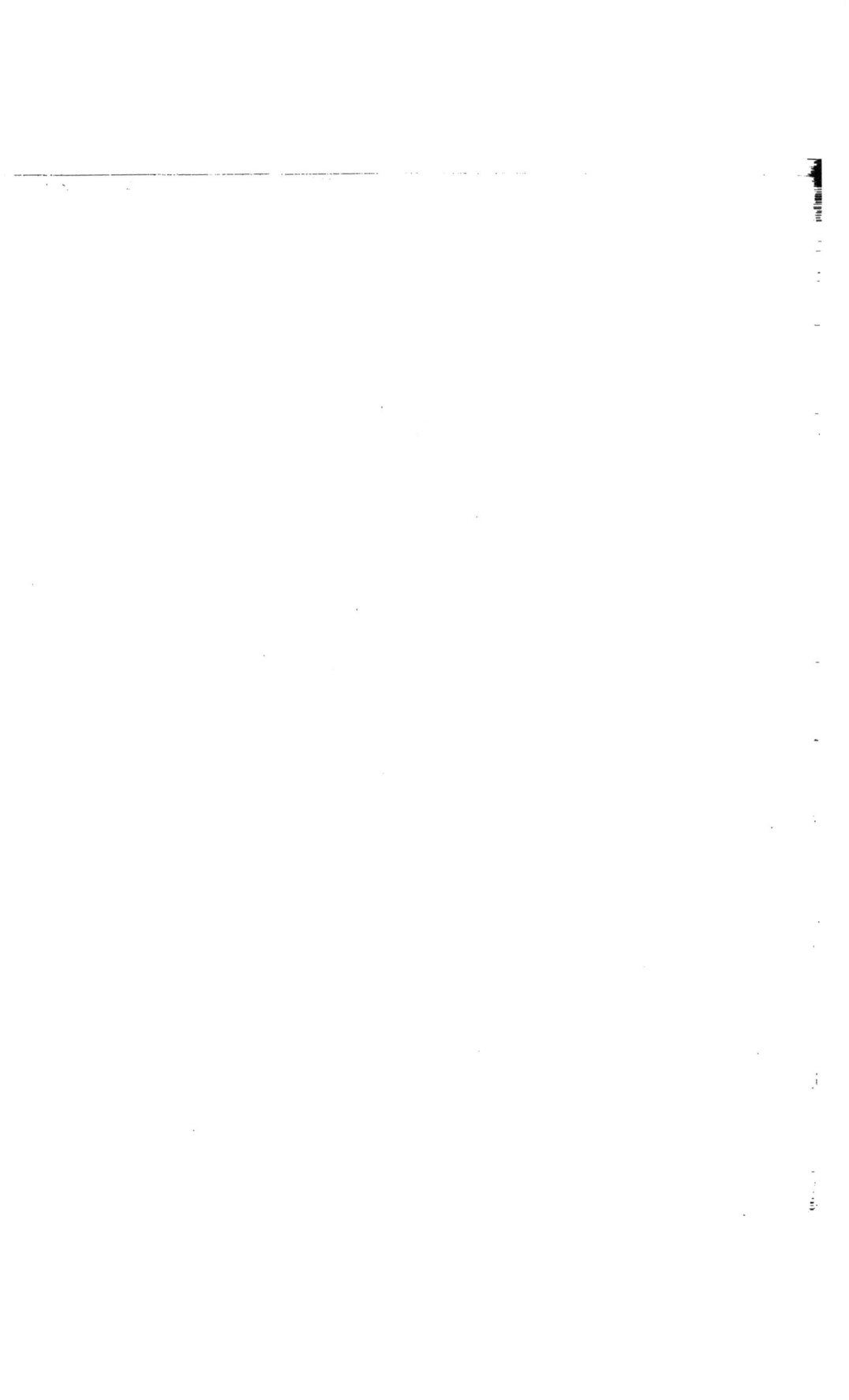

Là, deux arbustes qu'avril couvrit de fleurs nombreuses que le soleil de mai eût vite fanées. Celui-ci au feuillage d'un vert tendre était tout empapilloté de touffes blanches : des Boules-   de-Neige ; ce-

lui-là fut couvert d'odorantes grappes   mauves, à ses feuilles en cœur vous reconnaissez le Lilas.

Un beau dimanche du printemps dernier, je vins ici en faire une ample moisson. Le soir, en rentrant à Paris, ce fut un épanouissement de couleurs ; comme moi, chacun revenait, les bras couverts des jolies fleurs printanières.

Dans le train, du lilas partout : dans les filets, sur les banquettes, par terre. Une éclosion spontanée de fleurs me grisait, me donnait envie de rire follement. On ne voyait plus que des grappes violacées; les gens disparaissaient sous les bouquets d'où émergeaient des têtes et des mains; le long du chemin, les gares étaient fleuries et je m'étonnais de ne pas voir la locomotive, elle aussi, enjolivée de guirlandes. Quand nous fûmes arrivés à la gare, ce fut un immense éclat de joie. Chacun avait sa charge. Les fleurs s'élevaient au-dessus des têtes ; partout du violet clair ou foncé, partout du lilas, toujours du lilas, c'était un éblouissement ; des bouffées d'odeurs exquises, une senteur délicieuse se répandait sur le chemin.

L'envahissement des fleurs recommença dans les tramways, dans les voitures et dans les rues jusqu'à mon retour chez moi..... Nous étions au printemps depuis vingt-quatre heures.

Puisque notre promenade nous a amenés près de ce banc, asseyons-nous un instant ; il est délicieusement abrité à l'ombre d'un vieux Marronnier qui, lui aussi, était garni de fleurs aux premiers jours de printemps, grands thyrses blancs piquetés de rose. Vu dans son ensemble le marronnier en fleurs n'a rien qui m'enthousiasme beaucoup. Les formes de l'arbre sont un peu « bêtasses », toutes rondes ; les fleurs, régulièrement posées, pointes en l'air, semblent des girandoles, mais j'avoue que pris en détail, l'arbre est superbe.

Peignez un marronnier dans son entier, je doute que vous arriviez à faire quelque chose de bien drôle à voir ; prenez à part les feuilles, les fleurs, les fruits — ou une branche portant feuilles et fleurs ou feuilles et fruits, — et vous trouverez des motifs des plus intéressants. Les feuilles aux palmettes étendues sont rivées en un seul point central : la tige, et semblent de larges mains franchement ouvertes, on dirait qu'elles planent, s'étendent pour mieux vous abriter de leur ombre. Les fleurs d'un blanc laiteux (ou d'un rouge un peu éteint) sont coquettes vraiment, dressant leurs mille aigrettes aux pointes jaunes, se blottissant les unes contre les autres autour de la tige qui les porte, nombreuses vers le bas, se serrant davantage vers le haut pour arriver à former dans leur ensemble des cimiers éclatants; et lorsqu'elles auront, à tous les vents, éparpillé leurs pétales et leurs étamines, le fruit apparaîtra, minuscule d'abord, s'arrondira, puis, se garnissant de pointes,

prendra la forme de gaines rondes (ren-
fermant les marrons), solidement attachées à des tiges massives au bout desquelles elles se balanceront comme de
grosses pendeloques.

Mais c'est à l'automne surtout que les branches
du marronnier sont remarquables, les feuilles se
parent de tous les ors ; les unes se teintent en
jaune clair, les autres en jaune foncé, celles-ci
choisissent les tons chauds de l'ocre, celles-là les tons roux de la terre de
Sienne ; beaucoup d'entre elles semblent garder un souvenir de leur ancienne
verdeur et ne laissent jaunir que leurs bords..... Les fruits sont mûrs, ils
éclatent et de leurs alvéoles blancs lancent leurs fruits à la robe acajou...
Je vous recommande ce moment-là pour peindre le marronnier.

Vous ne pouvez rien rêver de plus vraiment beau que ce pays
dans la saison d'automne, alors que certains arbres ont
déjà rejeté au loin leurs feuilles jaunies, que d'autres,
moins pressés, abritent encore leurs branches bientôt dénudées sous un manteau cuivré qui semble d'autant plus
brillant qu'il se découpe sur le fond des bois où les chênes
et les hêtres commencent seulement à mordorer leur feuillage...
Vous êtes bien sous ce grand arbre, et vous désirez vous y
reposer quelques instants encore?... A votre aise, d'autant plus
que sans changer de place, en tournant seulement un peu la tête
à droite ou à gauche, nous verrons d'autres arbres, d'autres
plantes dignes de votre attention.

Quand on rêvasse un peu, ne trouvez-vous pas que
chaque objet appelle une idée?... De même chaque
plante. Je ne passe jamais à côté de ce buisson touffu,
toujours vert, dont une branchette, plus osée que les
autres, vient en ce moment vous chatouiller la
nuque de ses petites feuilles rondes, sans songer
aux Rameaux ; cette touffe verte c'est du Buis. A Paris,

je ne manque point, le dimanche des Rameaux, d'aller flâner vers quelque
église ; ce jour-là les abords en sont toujours des plus curieux, des plus pittoresques... Ding, din, don. Ding, din, don... les cloches sonnent à toute volée,
un flot de monde sort des portes grandes ouvertes,
poussé par les derniers accords des orgues qui tremblent
encore ou s'éteignent sous les ogives allumées par
la lumière des vitraux multicolores. Des femmes, des
hommes, des enfants, brandissent des rameaux verts
qu'ils tiennent à pleine brassée ou à plein panier :
« Verdissez-vous, Mesdames ! Achetez-moi des
rameaux, Messieurs ! »... et les branches vertes
aux feuilles rêches et dures vous passent sous le
nez, vous sont de force fourrées entre les doigts...
Pauvres gens, levés dès l'aurore, ils sont allés
faire emplette de quelques touffes verdoyantes
qu'ils vous tendent d'un air suppliant, c'est
leur gagne-pain et ils comptent sur votre bon
cœur... « Cela vous portera bonheur ! » --
Acceptez-en l'augure, pour quelques sous, ça
n'est pas cher, vous achèterez du bonheur pour toute l'année, vous laisserez
chez vous jaunir le buis et l'an prochain
une autre branche reverdira.

L'odeur pénétrante que je vous vois
aspirer à pleines narines provient de
l'arbuste dont les branches retom-
bantes semblent fleurir le buis derrière
lequel il a pris racine ; c'est un Seringat
aux mille étoiles blanches, cerclées au
milieu d'une bague d'or. Les fleurs
sont si nombreuses qu'elles masquent
les feuilles et retombent tout autour de
vous en volutes gracieuses, semblant

vouloir vous envelopper de leur dentelle parfumée. Les douces fleurs ne ré-
sisteront pas longtemps au vent qui souffle en ce moment, il a déjà détaché
maintes corolles   pour venir les semer à vos pieds. Si l'arbrisseau

                                                                    se pare fougueusement
                                                                de fleurs, s'il en couvre
à profusion ses branches souples, vite il s'en débarrasse comme si cette poussée
de pétales odorants l'avait fatigué. Dans quelques jours ces branches, si scin-
tillantes à l'heure qu'il est, retomberont sombres, mornes ; plus un point
blanc ne les viendra faire sourire, elles se pencheront tristement vers ces

3

bouquets d'un rouge aveuglant, ou d'un ton carné qui fleurissent au-dessous
d'elles, Géraniums aux couleurs vives, au feuillage d'un vert éclatant, souvent liséré d'une bande marron, et solidement rivé à des tiges vigoureuses
d'allure, bien que très cassantes; mais telle est la vitalité de la plante qu'il
suffit de repiquer en terre la tige brisée pour qu'elle reprenne racine.

Circulons un peu, maintenant. Cet amoncellement de feuilles finement dentelées en tous sens, chiffonnées, frisottées, vrais filigranes verts surmontés de
gouttes jaunes qui semblent des pastilles ou des sequins, est une Tanaisie;
certainement vos doigts qui ont seulement effleuré la plante en ont gardé
le persistant arome. Vous pourrez ici, si bon vous semble, faire un joli croquis tout odoriférant et il vous suffira de vous retourner pour en faire un
autre de ces pompons d'un violet tendre que pour ma part je trouve fort
amusants et qui ont nom : Agératum.

Du reste, dans le coin fleuri où nous venons de nous arrêter, vous trouverez
des éléments de tous genres et de toutes couleurs : Pivoines rouges, Hor-
tensias rosés, Cyclamens et Passiflores. Les fleurs ont été semées ou plantées
ici sans ordre, au hasard; c'est, à mon avis, beaucoup plus intéressant que ces
grandes corbeilles disposées géométriquement en ovale, en rond, en carré,
voire en triangle et comportant d'abord une bande de fleurs jaunes ou blanches,
puis d'autres bandes bleues, roses, etc., s'inscrivant dans la précédente jusqu'à
un bouquet central d'un ton différent encore qui termine l'ensemble. Affaire
de goût, mais j'avoue que, j'ai toujours trouvé cela bien laid et que ces corbeilles où les pauvres fleurs semblent parquées me font l'effet de descentes
de lit étalées sur les pelouses.

Laissons donc ici les plants pousser à leur gré; que les bleus n'aient
point l'air de se masser en tas pour ne pas frayer avec les jaunes, que les
rouges ne soient point en camps où les blancs ne peuvent pénétrer.

Liberté pour chacune d'aller chez le voisin, liberté pour le voisin d'aller
saluer la voisine.

Et vous voyez qu'ici elles ne se gênent nullement, les aimables fleurettes :

Voilà un Souci aux pétales orangés qui va conter ses peines amères à la
Mauve bienveillante qui l'écoute patiemment en étalant vers lui ses feuilles
rondes et veloutées et son calice rougissant tandis que la Camomille à l'odeur

poivrée, aux rameaux vifs, tend vers le groupe ses fleurs aux
paillettes argentées offrant sans doute quelque tisane calmante.
Les Coréopsis hochent la tête, leurs colle-
rettes de velours grenat aux franges ver-
meilles s'agitent impatientes au bout de
leurs longues tiges flexibles tandis que
la Verveine hausse sur ses feuilles ram-
pantes ses bouquets rouges et violets. Les
Godésias ouvrent tout grands leurs calices
blancs et roses et semblent écouter de
toutes leurs oreilles, tandis que le Canna, qui dresse bien haut
sa huppe nacarat en s'enroulant majestueusement dans ses larges feuilles,
semble un juge drapé dans sa robe.

Le Youcca aux feuilles pointues agite fiévreusement ses campanes blanches
suspendues comme les grelots d'un chapeau chinois contre les clochettes
clignotantes des Fuchsias et les têtes chevelues des Reines-Marguerites
frisées. Mille fleurs imprègnent l'air de leurs senteurs exquises : ici c'est le
Réséda aux pompons vert rosé ; là, le sombre Héliotrope de violet habillé
puis le Bégonia aux fleurs éclatantes, au feuillage superbe ; plus loin, le blanc
Narcisse ou la jaune Centaurée, plante célèbre chez les païens ; c'est elle
qu'employa le centaure Chiron (médecin sans doute à ses moments perdus)
pour se guérir d'une blessure qu'une des flèches d'Hercule lui avait faite
au pied.

Ces étendards multicolores, serrés contre leur hampe, sont des glaïeuls.

La famille des Glaïeuls est une des plus riches qui soit ; tous ses membres
s'habillent avec un luxe rare ; dédaignant les couleurs sombres, ils se
parent de tons brillants, un peu criards parfois ; toutes les variantes des
rouges, des jaunes, des blancs, des mauves leur sont familières ; ils savent
le parti que l'on peut tirer de chaque nuance prise séparément ou mariée
avec d'autres, ils connaissent à merveille l'art de les agrémenter de quelque
galon, de quelque passementerie qu'ils attachent adroitement à leurs
corolles dont la splendeur s'augmente encore.

C'est depuis quelques années surtout que les glaïeuls ont été enrichis

d'espèces vraiment remarquables ; certains horticulteurs, tels que les
Lemoine de Nancy, par exemple, se sont occupés de créer, par croisements,
de nouveaux types ; ils sont arrivés à en trouver de véritablement remarquables ; certains d'entre eux présentent une extraordinaire diversité de couleurs,
les peintres trouveront là à exercer leurs pinceaux comme les dessinateurs
à exercer leurs crayons, car les glaïeuls sont aussi très beaux de formes ;
très originale est leur façon de se grouper en grimpant en pyramide, tout le
long d'une tige émergeant de feuilles aiguës comme des sabres.

Je vous vois palper avec un certain étonnement cette sorte de marguerite
aux pétales pointus tassés les uns sur les autres, puis cette autre de même
forme mais de ton différent et vous semblez vous demander si cette plante
est bien une plante... Parfaitement, c'est l'Immortelle. Singulière fleur ! en la
touchant, comme vous venez de le faire, il semble qu'on ait sous les doigts
une fleur factice faite de papier. J'avoue que je ne raffole point de ce végétal
rigide et peu gai ; son nom d'immortelle lui vient sans doute de cette parti-
cularité bizarre qui lui permet de se conserver indéfiniment : déjà desséchée
sur pied, elle ne se desséchera pas davantage lorsqu'elle sera détachée de sa
tige ; on pourrait presque dire d'elle que c'est une fleur « artificielle naturelle. »

Si bien des plantes sont remarquables par leurs fleurs odorantes ou colorées,
jolies ou étranges, d'autres se distinguent surtout par leur feuillage ; parmi
celles-ci je vous citerai l'Acanthe, qui suggéra le chapiteau corinthien ; la
Rhubarbe aux feuilles cossues, solidement attachées ; le Ricin dont les feuilles,
larges étoiles d'un vert brunâtre, partent de tiges vigoureuses d'un ton vieux
cuivre... Ces deux dernières ont jusqu'ici plus inspiré les pharmaciens que
les artistes.

Je ne dois pas oublier de recommander le Lierre à vos crayons. C'est là
certes un des végétaux les plus élégants qui se puissent voir ; ses tiges vont
nerveusement river leurs crampons partout où elles peuvent ; le lierre que voici
frôle de ses feuilles sombres les feuilles luisantes du Mahonia aux grapillons
jaunes (des fleurs qui plus tard se changeront en baies violettes) puis va

enrouler le tronc droit de cet Acacia superbe dont les palmettes ténues et
fines se mélangent aux pendentifs odorants de ses fleurs.

Les espèces d'acacias sont nom-　　　　breuses. Non loin il en est un très

curieux que je vais vous faire voir. N'essayez
pas d'en cueillir une fleur, votre larcin　　　　　　pourrait être sévère-
ment puni ; ce genre d'acacia est bardé de défenses terribles, ses branches
portent sur leurs flancs des épines redoutables, dont les plus petites ont trois
et quatre centimètres et atteignent, aux branches mères, jusqu'à huit ou

dix centimètres. On prétend que c'est avec les branches d'un arbre de cette sorte que fut tressée la couronne d'épines du Christ ; il a nom, je crois, acacia de Judée.

Disposant son branchage élancé contre ce treillage, voici un arbrisseau dont les rameaux servirent, eux aussi, à tresser bien des couronnes, couronnes plus douces et moins pénibles à porter ; cet arbrisseau est un Laurier. Si l'acacia que nous venons de voir prêta jadis son bois à une couronne de martyre, le laurier prêta souvent ses feuilles à des couronnes de gloire. Aujourd'hui.....

> Nous n'irons plus au bois, les lauriers sont coupés

. . . .

Voici une opposition de tons qui n'est point faite à dessein, elle est du reste un peu trop violente, à mon avis : d'où nous sommes, en effet, vous remarquerez que ce Pin aux branches finement ciselées, formées de millions d'aiguillettes vertes, paraît plus sombre encore en se détachant sur l'arbre aux tons si frais, l'Érable blanc, qui brandille ses feuilles claires à la moindre brise, feuilles qui se noient dans le blanc laiteux ou le vert tendre et en sortent toutes blanches ou toutes vertes, ou bariolées de vert et de blanc.

Non seulement l'opposition de couleurs entre ces deux arbres est flagrante, mais encore leur forme : Tandis que le pin allonge ses branches presque à angle droit avec le tronc et s'efforce de les rendre parallèles les unes aux autres, l'érable laisse les siennes s'élancer ou retomber à leur gré. Le pin vu dans son ensemble forme une pyramide foncée ; l'érable, au contraire, s'arrondit en dôme éclatant. Le soleil éclaircit à peine la robe triste du premier, elle fait éclater de lumière la toilette du second. Les fruits du pin sont des cônes écailleux comme celui que vous venez de heurter du pied, et qui sur l'arbre se dressent la pointe en l'air ; les fleurs de l'érable sont en grappes légères et portent les couleurs des feuilles parmi lesquelles elles se suspendent, se reflétant coquettement dans le petit bassin où deux ou trois Arums trempent leurs tiges surmontées de cornets blancs qui semblent des papiers enroulés ayant contenu quelque minuscule pain de sucre ; ils ont l'air, ces pauvres arums de s'ennuyer considérablement dans le faux-col rigide qui leur interdit tout mouvement, et envient certainement la tenue très à l'aise de la haute plante aux larges feuilles, aux fleurettes rouges qui se balance gaiement à quelques pas, plante dont, de par « La Loi » je ne possède qu'un seul pied, car elle a nom Tabac, et appartient de droit à Sa Majesté l'État !

Vous regardez cet escalier vermoulu dont la rampe rustique chavire au moindre vent et vous vous demandez sans doute quel est le pied assez téméraire pour se poser sur ses marches chancelantes....? Aucun des nôtres, assurément ; l'escalier ne sert plus qu'aux oiselets qui viennent s'y récréer sous les feuilles énormes de l'Aristoloche dont il est le soutien ; c'est actuellement sa seule utilité et cet édifice dangereux eût été depuis longtemps remplacé par un autre si je ne préférais, le cas échéant au moins, le pittoresque à l'utile. Il est, dans l'intérieur de la bicoque, d'autres escaliers qui, à quelques détours près, permettent de se dispenser de celui-ci ; avouez que ce serait du vandalisme que d'arracher la superbe plante qui en a pris possession et s'est si bien enroulée dans tous les interstices, l'abrite si bien de son feuillage épais qu'elle semble avoir pris à cœur de dissimuler sa misère ; vigoureuse plante que celle-là et singulière aussi, remarquable surtout par son feuillage ; ses fleurs, à peine visibles, s'efforcent d'emprunter la couleur de ce feuillage sous lequel elles se cachent, honteuses sans doute de leur tournure ridicule, ressemblant à s'y méprendre à des fourneaux de pipes.

Ce vieil escalier n'appartient pas au seul aristoloche, d'autres « grimpants » en ont, à ma grande joie, pris possession ; le long des montants de gaies capucines jaunes, rousses, marrons, semblent des auréoles lumineuses dans ce coin un peu sombre ; la Grande Clématite y épanouit à l'aise son immense corolle de velours violet d'où part en gerbes une fusée de pistils d'argent ; son violet brille de tout son éclat à côté des capucines dont les tons orangés prennent à leur tour une vigueur intense. Liserons, Pois de senteur, toutes les races de plantes munies de vrilles, de crampons ou de volubiles se sont donné rendez-vous ici, elles savent qu'on ne les dérangera pas et qu'on les laissera, à leur fantaisie, s'accrocher, grimper le long des vieilles poutres ou se récliner sur l'antique balustrade.

C'est un fouillis inextricable de lianes qui se croisent en tous sens, se

nouent, s'entrelacent, s'élancent en flèches ou retombent en festons, forment des arabesques, des hiéroglyphes indéchiffrables.

De la décoration, en voilà !

Pris dans son ensemble, le sujet est parfait, surtout à l'heure où le soleil l'éclairant de biais, laisse bien en lumière tous les dessus, ombre tous les dessous, masse chaque groupe pour le faire se détacher, sans embrouiller rien, sur la maisonnette blanche, que recouvre à moitié la vigne vierge.

La Vigne Vierge, autre grimpant, mais qu'il faut peindre surtout à l'arrière-saison. Ses feuilles prennent alors des nuances connues d'elles seules et que chacune d'elles varie à son gré ; les unes conservent leur robe verte qu'elles foncent même un peu, des jeunes pousses se fardent de vert tendre, de rose ou de jaune, tandis que d'autres plus coquettes se diaprent de nuances diverses qu'elles choisissent dans les tons aurore, amarante, incarnat. Peindre une vigne vierge vêtue de sa toilette automnale est, pour le peintre, une véritable fête.

Notez que je ne parle même pas de la forme exquise des feuilles et des branches, vous pourrez en juger par vous-même en approchant un peu ; cela vous donnera même l'occasion de voir là, tout à côté, une plante bien curieuse aussi et que, sans la vigne vierge, j'allais omettre de vous faire remarquer ce que j'eusse regretté, car elle en vaut la peine ; cette plante, la Gourde Calebasse porte en même temps des fleurs et des fruits : Au milieu de larges feuilles, aux découpures appointées, feuilles d'un beau vert en dessus, d'un vert grisâtre en dessous, croisillonnées de vigoureuses nervures, s'élancent, portées sur de longues tiges veloutées, les fleurs aux cinq

pétales blancs, frisés sur les bords et groupés autour du stigmate jaune. D'autres fleurs, nées avant celles-ci, ont commencé leur transformation, leur corolle est tombée, le stigmate a disparu, seul l'ovaire a subsisté et s'est transformé en un fruit vert   divisé en deux parties inégales par un

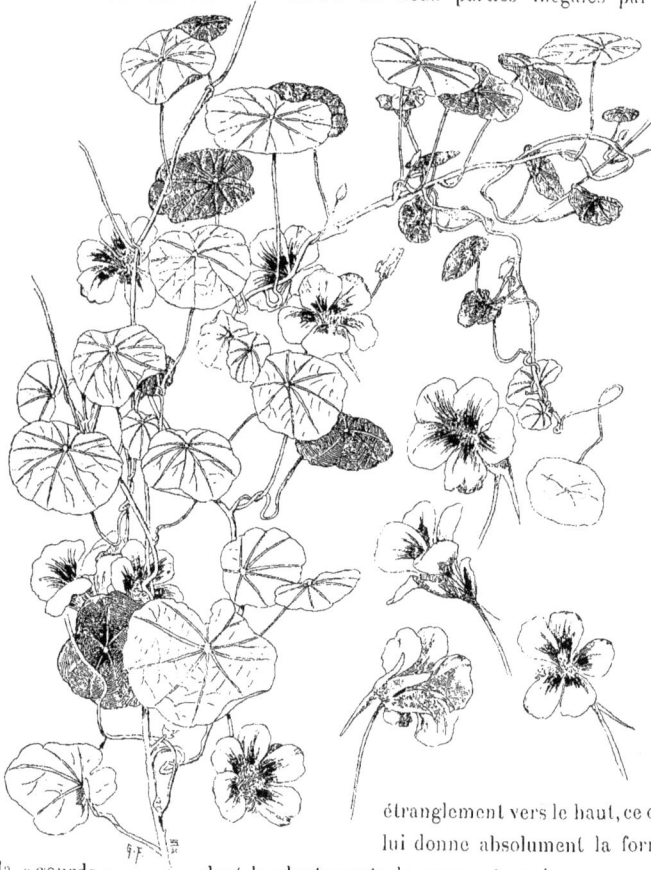

étranglement vers le haut, ce qui lui donne absolument la forme de la « gourde »   dont la plante porte le nom... à moins que ce ne soit les gourdes qui portent le nom de la plante... Les vrilles qui s'élancent de la tige grimpante sont curieuses à observer ; leurs extrémités se tor- tillent, se tire-bouchonnent, se bouclent, puis s'allongent et vont saisir

4

quelque traverse du treillage où s'appuie la plante pour s'y river solidement.
Ce végétal est de la fameuse famille des Cucurbitacées, nom gracieux,
élégant comme la plupart des fruits qu'il désigne : citrouilles au ventre rond,
redondants potirons ou melons verruqueux.

Vous ouvrez votre album... ma « Cucurbitacée » vous tente, je vous laisse
dessiner tranquillement tous les méandres de sa tige, ses fleurs argentées,
ses feuilles vertes et ses fruits étranges. Plus tard nous rendrons visite à
quelques arbres fruitiers; si quelque prune vous tente, si quelque pêche
vous fait envie, vous y mordrez tout en dessinant quelques-unes de ses
pareilles.

CHAPITRE III

AU VERGER

Votre étude est terminée, faisons un tour au verger. Assise sur la pelouse
toute veloutée par les pluies de ces jours derniers, vous pourrez examiner
les arbres qui y vivent à l'aise, pommiers aux troncs noueux ou cerisiers
aux troncs droits.

Le Pommier est un arbre à la structure remarquable, il a le secret pour
tordre ses branches d'une manière tout à fait inattendue, c'est un fantaisiste;
il se roule en spirale en sortant du sol ou file en droite ligne, se couche
vers la terre pour remonter ensuite ou part à angle droit jusqu'à la
naissance de ces branches qu'il lance, suivant son caprice, raides comme
des flèches ou tortillées comme des serpents. Le jeune pommier surtout est
tout à fait amusant à voir et à dessiner soit au printemps, lorsque ses
branches sont constellées de fleurs rosées, soit en été, lorsqu'elles crou-
lent sous le poids des fruits, soit même en hiver, lorsque complètement
dépouillé l'arbre se repose en attendant une nouvelle fleuraison. Que vous
fassiez des études de pommiers en ensemble ou que vous vous contentiez
d'en dessiner quelque rejeton, le sujet sera toujours attachant. On a usé,
abusé du pommier, surtout du pommier fleuri, — ceci n'a rien qui doive
étonner, si l'on considère la joliesse de la fleur aux tons si doux, — mais rien

non plus qui doive faire reculer, car,
ainsi que je vous l'ai dit souvent
(ainsi que je vous le redirai peut-
être encore), un sujet usé peut
fort bien être traité de façon
toute nouvelle!... Je n'insiste pas, vous m'ap-
pelleriez « radoteur » et cela me vexerait !

Passons aux Cerisiers; ils sont
en ce moment couverts de fruits...
et d'oiseaux, car ceux-ci adorent
ceux-là, et les plus beaux portent les traces de leurs
becs pointus, dommage peu important et que
pour ma part je pardonne de tout cœur, car si
j'aime les fleurs, j'aime aussi les oiseaux, et vous de même très certainement; vous ne comprendriez pas plus que moi un jardin où, par
impossible, les oreilles ne seraient point charmées par les grisolle-
ments de l'alouette ou les fringotements des pinsons, comme les
narines le sont par l'arome des roses ou le parfum des résédas !
C'est si peu important les dégâts causés par les espiègles petites
bêtes que, vraiment, il faut être bien atrabilaire pour s'en venger
à coups de carabine, comme certaines gens des environs le font
méchamment; à ces vilains je préfère de beaucoup les naïfs qui se figurent
effrayer les oiseaux en plaçant sous leurs arbres, ou même dessus, des manne-
quins aux allures fantastiques (ils le croient du moins), dont le corps, fait
d'un bâton vêtu de quelque vieille défroque civile ou militaire, étend raides
les bras (autres bâtons), et dont la tête absente ou remplacée par quelque
chiffon roulé en boule, est coiffée de quelque vieux gibus ou de quelque képi
sans visière.

Croquemitaines à l'usage des oiseaux !... et vous croyez, bonnes gens, que
cela leur fait peur; vous vous figurez que dès que votre épouvantail est dressé,
moineaux, fauvettes, chardonnerets prennent leurs ailes à leur cou et filent
pour ne plus revenir? En vérité, vous les supposez plus bêtes qu'ils ne sont
et dans cette occurrence, les naïfs... c'est vous !

A quelques   pas d'ici il
est un jardinet où chaque arbre a son croquemi-
taine, certains en ont même deux, cela produit
un ensemble vraiment des plus bizarres, que je
recommande à vos pinceaux ; il y a là une page
« décorative ? » du plus pittoresque effet et
point banale, je vous assure!... Or donc, les pro-
priétaires du susdit jardin, — dont les manne-
quins sont presque les seules fleurs, — ne
viennent ici que du samedi au lundi ; longtemps
ils furent persuadés que pendant leur absence,
pas un moinelet n'oserait s'aventurer chez eux ;
eh bien, voici ce qui se passa :

A l'apparition de la première veste et du premier chapeau surmontant le premier bâton, messieurs les oiseaux et mesdames les oiselles,
gens prudents, se sont réfugiés dans les jardins
voisins, ici et là-bas ; ils voulaient « voir venir »
et le premier jour se sont abstenus d'aller
goûter aux fruits défendus ; le lendemain, les plus
vieux de la bande, plus expérimentés, se sont
détachés et prudemment, sautillant de branche
en branche, sont partis en éclaireurs voir comment
se comportait l'ennemi... il n'avait naturellement pas bougé... enhardis, nos
oiseaux s'avancent plus près, plus près encore... toujours même immobilité
de la sentinelle... « Tant pis, risquons-nous », se disent les pillards... et les
voilà hissés sur l'arbre même où le mannequin tend lamentablement les
bras... bientôt ces bras mêmes leur servent de perchoirs.

Ce furent alors des pihi, pihi, pihi joyeux ; une nuée d'oiseaux de tous

plumages vint reprendre possession de l'arbre abandonné et y fit un festin dont les cerisiers du voisin garderont le souvenir; mais il ne l'entendait pas ainsi, le voisin, et le samedi suivant, lorsqu'il vit la façon déplorable dont sa sentinelle avait observé la consigne, il la doubla, la tripla, la quintupla; bientôt apparut tout un régiment...

« Nous la connaissons », se dirent les pinsons. « Ça ne prend plus », approuvèrent les chardonnerets. « Faudrait pas nous la faire! » s'écrièrent les moineaux plus faubouriens ... et ils se moquent maintenant de tous les épouvantails présents et futurs comme de leur premier duvet; pour lisser leurs plumes ou bavarder entre eux ils se perchent sur les bras, dans les manches des vestes noires, sur le bord des poches vides qui bâillent grandes ouvertes. Bien mieux, les képis, rouges ou bleus, avec ou sans pompon, les chapeaux de toutes formes, de feutre ou de paille, leur servent d'abris et je crois bien, les dieux me pardonnent! que certains d'entre eux portent des nids dans leurs coiffes! — Je n'ai garde de le dire au voisin; d'abord je lui préfère ses oiseaux, ensuite quand on veut « jouer un bon tour », il faut le réussir sous peine de voir les rieurs dans l'autre camp... tant pis pour le voisin! Rieur, je suis dans le camp des oiseaux.

J'y suis même si bien, que j'oublie que nous venons ici non pour nous occuper d'eux, mais pour examiner gravement les arbres à fruits et disserter sur leur plus ou moins de dispositions décoratives, ornementales ou pittoresques! — Rentrons dans notre sujet... et dans le jardin fruitier... je vous disais donc que ceci est un Cerisier. Ajouter que les cerises se suspendent gentiment à leurs tiges comme des joyaux à une oreille, que parfois elles se groupent en masses serrées sous les feuilles nombreuses (comme dans l'arbre que voici) ou qu'elles s'isolent les unes des autres, ou deux par deux, suivant en cela l'exemple des feuilles longues et dentelées

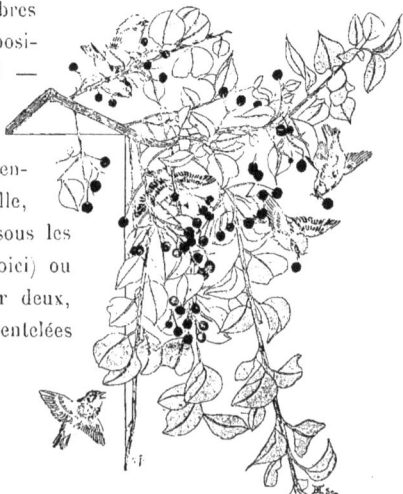

de l'arbre que voilà (Reine-Hortense) ; vous dire que
les couleurs des unes sont rutilantes et celles des autres
fraîches et rosées, tout cela vous le savez aussi bien
que moi et, ne le sauriez-vous, que vous l'apprendriez
les ayant sous les yeux. J'ajouterai donc seulement que
lorsque l'arbre est en fleurs il est absolument joli,
ce qui est le cas, du reste, de tous les
arbres fruitiers qu'ils s'appellent pêchers,
abricotiers ou poiriers,
amandiers, cerisiers ou
pommiers. Les fleurs, toujours très claires de ton,
varient entre les blancs, les
jaunâtres et les roses.

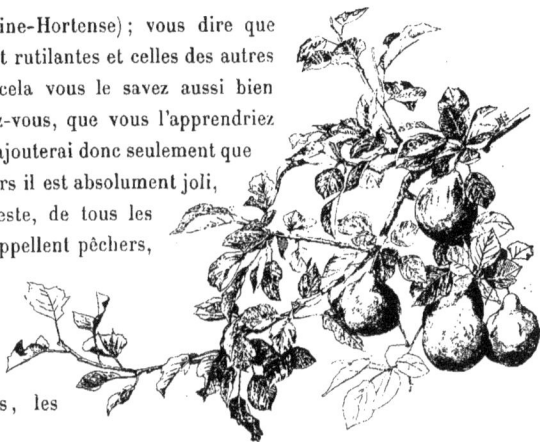

Ceci est un Prunier Reine-Claude, son fruit a fort bonne mine sous sa
robe vert foncé aux marbrures fauves, robe souvent trop étroite pour lui car
elle craque en maints endroits; si la prune de Reine-Claude est moins bien
habillée que ses cousines les prunes violettes au duvet azuré, si elle est moins
jolie à peindre elle s'en venge en étant meilleure à manger.

Ces beaux fruits qui ont emprunté au soleil couchant ses tons les plus
chauds, jaunes brillants nuagés de grenat, sont des abricots ; les feuilles de
l'arbre, jalouses sans doute des séduisantes couleurs du fruit, ont voulu,
elles aussi, s'en parer quelque peu, elles y ont trempé leurs pétioles qui
s'y sont teints de rouge ; les fleurs de l'Abricotier font déjà prévoir
les nuances du fruit, elles sont d'un blanc doré et leurs pédoncules sont
bruns.

Coignassier est le nom de cet arbre dont les rameaux vont s'étendre dans
le jardin voisin ; mûrs, les fruits sont d'un or qu'atténue l'ouaté dont ils
sont recouverts.

Regardez ce Poirier, il s'affaisse sous le poids des fruits encore verts; ne
trouvez-vous pas que quelqu'une de ces branches ferait bonne figure sur un
des feuillets de votre album ?

L'arbre dont le toupet aux feuilles pointues dépasse le poirier de sa haute taille est un Amandier ; ses fruits aux coques allongées, grisées, veloutées, sont d'un ton éteint comme si, redoutant d'être cueillies, elles se dissimulaient de leur mieux sous les feuilles.

Voici un Merisier dont les grelots noirs (cerises sauvages) pen-

dillent gaîment, puis un arbre du même genre : Sainte-Lucie est son nom ; ses baies mignonnes se transformeraient en cerises, elles aussi, si l'arbre était greffé.

Lorsque je vous aurai priée de vous arrêter un instant devant cet arbre aux feuilles plus pointues encore que celles de l'amandier, vous aurez vu tout ce que j'ai à vous montrer en tant que fruits à « drupes » ; il nous reste à rendre une visite aux fruits à « baies » qui seraient désolés que vous ne leur accordassiez point un regard. Cet arbre en espalier, donc, est un Pêcher ; ses fruits encore jeunes, commencent pourtant à se roser un peu et petit à petit arriveront à avoir cet épiderme doux, ces couleurs fraîches comme des joues de bébés.

Vous avez froncé le sourcil lorsque je vous ai parlé des fruits à « baies » serait-ce parce que vous trouvez la promenade prolongée?... Vous êtes trop aimable pour me le dire, mais, en tous cas, je tiens à vous rassurer, la nomenclature n'en sera point longue, car je n'ai guère à vous soumettre que quelques ceps de Vigne, cette plante bien française qui se pare du merveilleux feuillage sous lequel elle abrite des globules dorés ou violacés non moins merveilleux.

Que de fois elle fut chantée, cette plante aussi belle que bonne, que de fois aussi elle fut peinte !... que d'allégories diverses elle renferme, que d'idées elle fait naître, que de sujets elle inspire! j'ai voulu qu'elle eût pour voisine une compagne plus humble, mais bien jolie aussi : Le Houblon.

Si la vigne est française, le houblon nous vient d'Alsace ; aussi les tiges flexibles de l'une se mêlent-elles, dans un même embrassement, aux tiges souples de l'autre. La brune bourguignonne étreint étroitement la blonde alsacienne et tandis que l'une fait briller au clair soleil ses perles cramoisies qui donneront le vin, l'autre y laisse frétiller gaîment ses breloques dorées dont on fera la bière !

Deux ou trois Groseilliers, un Cassis et un Framboisier... un point c'est tout.

Le Groseillier m'a toujours paru un arbuste s'efforçant de copier la vigne sans pouvoir y arriver. Ce qui ne l'empêche pas d'avoir son mérite personnel; mais regardez si mon appréciation est si erronée que cela. La vigne a des feuilles très décou-

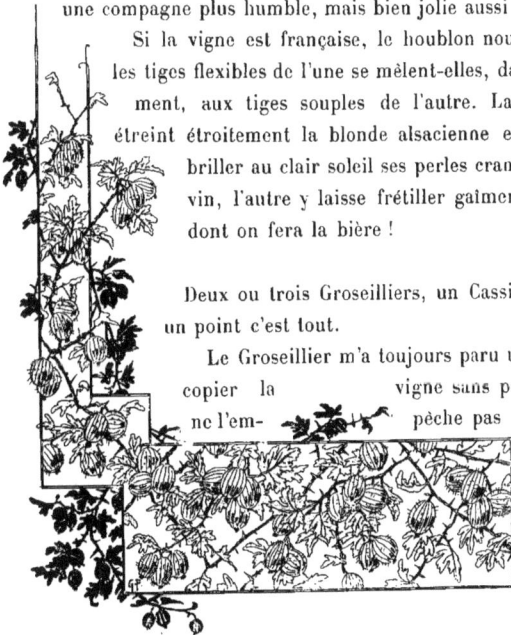

pées, dentelées, le groseillier de même ; la
vigne porte ses fruits en grappes, le groseillier
aussi, mais tout est en diminutif chez ce dernier,
les feuilles, les grappes et les baies qui la composent. Ne dédaignons point pourtant le bon
petit arbrisseau et considérons que, sans parler
des excellentes confitures que nous lui devons,
il sera aussi un excellent modèle, picturalement
parlant.

Le Cassis ne diffère guère du précédent que
par la couleur de ses baies qui sont d'un noir
violacé au lieu d'être rouges ou blanches.

Nous voici au Groseillier à Maquereau, tout
différent des précédents; il ne veut pas faire
comme ceux de sa race : au lieu de vivre en
famille et de grouper des fruits nombreux il
préfère les laisser aller isolément ou deux par
deux, ce qui, pour leur défense, nécessite un tas
d'épines dont ses congénères n'ont que faire ;
si la fantaisie vous prenait d'en cueillir quelque
branche pour l'étudier (étude intéressante, du
reste), méfiez-vous des piquants.

Le potager est tout voisin, mais vous me pa-
raissez un peu lasse; remettons donc à demain
notre promenade chez la gent légumineuse.

CHAPITRE IV

PARMI LES LÉGUMES

C'est dans la peinture de la plante surtout qu'il faut être « éclectique ». Se figurer que les fleurs seules sont sujets à peindre ou à interpréter, serait une grave erreur. Nous avons dit déjà notre prédilection pour les plantes peu aristocratiques, celles qui vivent en sauvages sans civilisation aucune, plantes hirsutes souvent, pauvres hères que maints promeneurs frôlent avec indifférence quand ils ne s'en écartent pas avec dédain. Il nous faut maintenant causer un peu « légumes », voulez-vous ? Cela vous fait sourire, l'idée de voir émerger tout à coup d'entre les roses et les jasmins la rubiconde figure du potiron ou la face blafarde du navet, l'un Falstaff l'autre Débureau des légumes !... et près d'eux le gentil radis aux joues rosées, le majestueux chou à tête toute frisottée !...

Beaucoup ne considèrent les uns et les autres que comme victuailles plus ou moins succulentes, ne comprennent que le potiron en soupe, le navet entouré de canards, le radis accompagné de beurre et le chou bourré de farce... c'est une erreur cela, et, bien que je ne dédaigne ni les uns ni les autres ainsi accommodés, je prétends qu'ils sont bons à autre chose et fort dignes de paraître dans nos albums aussi bien que dans nos assiettes ; soyez-en persuadées, charmantes lectrices, les légumes sont aussi artistiques que culinaires... essayez de rendre les allures de certains d'entre eux et vous serez de mon avis. Notez que je parle non seulement de la fleur, souvent charmante, que portent la plupart des plantes légumineuses, mais du légume lui-même et de son feuillage. Dans maintes compositions un navet bien posé, une carotte adroitement jetée feront très bon effet ; le radis lancera une note gaie que la nuance grise de la pomme de terre, ne fera que mieux chanter.

Si vous voulez à présent considérer l'ensemble de la plante, vous remarquerez combien presque toujours son port est gracieux, notamment dans certaines espèces, dans les « tuberculeux » comme la pomme de terre ou les « cucurbitacées » comme la courge.

La Pomme de Terre, la Pomme d'Amour : — Pomme d'amour, est le joli

nom de beaucoup plus harmonieux, bien que moins technique, que
porte la tomate.

Tomates et Pommes de terre portent en cime de ra-
vissantes fleurs en forme d'étoile, d'où jaillit un pistil
jaune. Jaune est aussi la fleur de la tomate, blanc violacé ou rosé celle de la pomme de terre. Chez toutes
deux le feuillage s'attache élégamment à la tige,
feuillage très découpé, très tortillé, se contournant,
se gaufrant en tout sens.

Si la pomme de terre, modeste moine, cache
soigneusement sa robe de bure à tous les regards,
la tomate, brillant cardinal, étale joyeusement
sa soutane écarlate. Regardez de près, et vous
verrez que je n'exagère en rien en vous disant
qu'elles sont également jolies et parfaitement
décoratives.

Le Potiron, la Courge, etc. — Rien
de gracieux, comme ces longues tiges
côtelées, rampant le long du sol en s'accrochant partout, lançant haut et ferme
de robustes feuilles bien découpées, large-
tant comme sous de vastes ombrelles des
ment veinées et abri-
fleurs, robustes elles
aussi, à la corolle jaune vif, à la tunique brillante élégamment retroussée
vers les bords; fleurs distinguées qui se métamorphoseront plus tard en vulgaires Citrouilles, Melons ou Potirons.

Si vous voulez à présent considérer les uns et les autres non en détail mais
d'ensemble, vous trouverez là maints sujets d'études. La récolte des
pommes de terre, par exemple, a certainement été traitée bien des fois
(et de main de maître) mais pourra l'être encore de façon nouvelle, inattendue. Tout dépend de la manière de voir et de traiter son œuvre, des
effets de lumière, que sais-je? aussi des pays où l'on se trouve.

Voyez ces potirons enrégimentés dans un champ, piquetant partout leurs
taches cuivrées comme des saxophones ou des ophicléides au milieu d'une
fanfare.

C'est tout à fait joli.

Dans ce pays que j'habite l'été, pays de maraîchers, on le cultive sur une vaste échelle, le volumineux potiron, eh bien! vous ne sauriez croire la quantité de sujets qu'on peut trouver là, sujets également ravissants lorsque le soleil brille ou que le temps  est gris; l'opposition par le temps gris est plus violente toutefois et les potirons semblent alors autant de soleils jonchant le sol.

Et la récolte?... Non loin d'ici j'assistai un matin à la cueillette; un tas de braves gens allaient, venaient, transportant du champ sur la route puis de la route sur des voitures, ces superbes légumes. Dans le brouillard du matin, paysage, bêtes et gens s'estompaient fortement; seuls les potirons brillaient de tout leur éclat... motif à peindre, cela, je vous en réponds, et auquel je n'ai résisté que parce que, d'abord, ce matin-là, le train m'attendait (ou plutôt ne m'attendait pas... je courais après), ensuite parce que je n'avais ni pinceaux ni palette et dame! cela n'était point commode à saisir au vol! Vous me direz que ce genre de sujets est plutôt œuvre de paysagistes... d'accord, mais nous parlons de la *plante* tout aussi bien en « gros » qu'en « détail » et m'est avis qu'un vrai paysagiste doit, en tout cas, savoir aussi bien attacher une fleur à sa tige et piquer adroitement un brin d'herbe que planter un légume.

Radis, Navets: Je fus frappé l'autre matin, par la belle allure d'une plante au feuillage contourné, à la tige hardiment dressée et surmontée d'un essaim de mignonnes fleurettes roses éclairé par un brillant détachait en clair sur un resté dans l'ombre; la 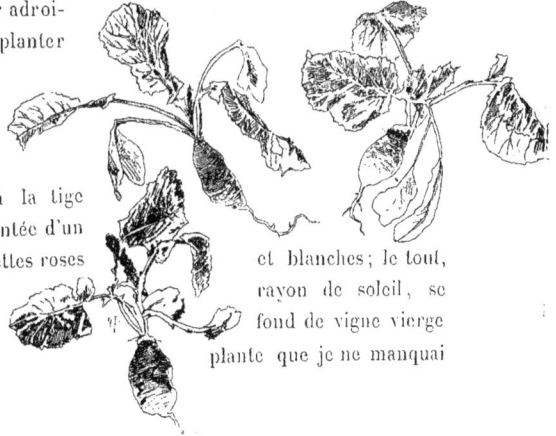 et blanches; le tout, rayon de soleil, se fond de vigne vierge plante que je ne manquai

pas de crayonner offrait. se présentant ainsi, un sujet tout composé
(chose qui arrive dix fois sur onze, car si la nature est bonne jardi-
nière elle est aussi excellent décorateur); or, comme j'aime bien à savoir
ce que je fais, je m'informai auprès du jardinier de ce que pouvait être
ce nouveau venu remarquable auquel, jusqu'ici, pourtant, je n'avais pris
garde, et je croyais volontiers à une surprise de sa part; je redoutais
par exemple, une énumération de noms « techniques? » plus ou moins
fantaisistes, du latin ou du grec de son cru, car — mon homme appelle volontiers *généralium*, le géranium, et *rogrodindon* le rhododendron; — cette
fois ma surprise provint d'un tout autre motif.

« Ça, monsieur! mais
ça vaut rien, c'est du
radis monté!... »

Ceci prouve deux choses:
1° que les plantes les
plus vulgaires sont par-
fois fort belles, 2° que
mes connaissances
en botanique
ont besoin
d'être quel-
que peu déveloP-
pées.

Avez-

vous jamais en occasion de voir un champ d'Oignons en fleurs?... non?
en ce cas je suis plus heureux que vous, j'en ai un à deux pas d'ici;
je ne dirai pas que c'est joli, joli, mais c'est très bizarre, cela m'a
servi de premier plan à une
aquarelle qui, bonne
ou mauvaise, n'était,
en tout cas, pas ba-
nale.

Un champ d'oignons en fleurs?
figurez-vous une série de longues
feuilles pointues
comme des lances,
émergeant de terre,
en rangs serrés et
surmontées d'une
tête toute ronde,
tête faite

de petites fleurettes
d'un blanc verdâtre tassées
les unes sur les autres, c'est
tout à fait drôle; on dirait d'un
régiment de lansquenets armés
de hallebardes, les uns marchant
droit, d'autres titubant de gauche
et de droite... Pris séparément, les
oignons donneront aisément des
motifs ornementaux soit en se servant
du « personnage » complet, soit en le
décapitant et en utilisant la tête seulement ou les or-
ganes

qui la composent, pour en former des rosaces, des jeux de fond, des bordures, des semis, que sais-je?... L'oignon lui-même à la robe lamée d'or et d'argent, à la barbe en pointe, vous fournira des éléments précieux de formes et de couleurs.

Le Céleri : Brillant de couleur et ferme de dessin. De larges côtes, blanchâtres vers le pied où elles se réunissent, montent en verdoyant de plus en plus, en s'écartant aussi, pour arriver à une couronne de feuilles d'un vert intense, qui prend peu à peu l'allure d'un vase dont cette couronne de feuilles forme les bords aux capricieuses découpures.

L'Artichaut : Semble un chardon monumental pointu de partout; ses feuilles hérissées de piquants sont solidement amarrées à une tige robuste couronnée d'une gigantesque fleur aux écailles charnues, au réceptacle violet. En somme, plante éminemment décorative bien qu'à l'air un peu hargneux et qui, certainement, comme le chardon son cadet, a inspiré ces merveilleux artistes auxquels nous devons les fines dentelures de nos cathédrales gothiques... il vous inspirera certainement à votre tour.

Le Pois : Le feuillage en est bizarrement attaché à la tige, les tiges se contournent et grimpent lorsqu'elles trouvent un support où accrocher leurs vrilles ou rampent lorsque ce support leur fait défaut. Les feuilles sont à deux ou trois folioles et présentent une diversité de couleurs et de formes assez curieuses. Les unes attachées à la tige comme si celle-ci les traversait, les autres accolées à des tiges plus petites rivées à la tige mère ; les premières sont d'un vert bleuté, les autres d'un vert jaunâtre. Les fleurs blanches sont remarquables par leur grand étendard replié; sur le même pied se dressent souvent des fleurs tandis que des cosses emplies de graines pendillent au-dessous. Je parle ici du pois comestible, car il en est de variétés très différentes entre elles, bien qu'ayant toutes, de près ou de loin, un air de famille assez accusé: tels le pois de senteur aux fleurs rouges violacées, le pois de lupin qui dresse ses fleurs en thyrses, fleurs de couleurs tendres, rosées, jaunâtres, bleutées, au bout d'une tige immuablement droite et garnie d'un feuillage palmé d'un gris bleuté.

Les Haricots : Aux fleurs blanches (ou d'un superbe rouge écarlate comme dans le haricot d'Espagne), forment avec les fèves, la vesce, et une foule d'autres, une famille nombreuse. Mais peut-être ferai-je bien d'arrêter cette nomenclature descriptive déjà un peu longue et parfois indigeste... il ne faut pas plus abuser des légumineux que du reste.

Des légumes!... ils sont légion ; j'en ai cité quelques-uns, espérant qu'en vous incitant à regarder ceux-ci, vous vous laisserez entraîner à regarder ceux-là ; en ce cas, j'aurai atteint mon but et j'en serai ravi, car je vous aurai indiqué, croyez-moi, une source inépuisable de documents, source qui ne sera pas tarie de sitôt. D'autres y ont puisé largement déjà, mais ils n'ont pas tout pris. Les Japonais, notamment, ont fait des pages remarquables en cherchant là des sujets ; le petit pois dont nous venons de parler, le haricot, la courge, bien d'autres ont été pour eux prétexte à des ornementations d'un caprice, d'une fantaisie que je vous souhaite de posséder comme eux.

J'ai eu l'occasion de dire ailleurs mon avis sur les illustrations japonaises et, quitte à me répéter, je vous engage encore à fouiller dans leurs livres, à étudier la manière dont ils procèdent, à vous pénétrer de la simplicité des moyens qu'ils emploient pour arriver à produire des effets intenses.

CHAPITRE V

FLEURS SAUVAGES

Nous avons fait le tour du jardin, nous avons rendu visite aux fleurs qui l'égayent. Fleurs cultivées, elles ont, dès leur enfance, le bonheur grand d'être guidées, choyées, nourries, mariées souvent, par des maîtres habiles qu'on nomme horticulteurs ou jardiniers... Voulez-vous à présent que nous fassions une promenade, oh ! point longue, là où poussent à leur gré une foule de plantes non moins jolies, non moins intéressantes à voir et à étudier? Nous irons de droite et de gauche sans nous fatiguer et nous trouverons dans notre promenade, n'en doutez pas, mille sujets. Je ne réponds pas, par exemple, de vous en citer tous les noms, de vous expliquer leurs tenants et leurs aboutissants; n'importe, je ferai de mon mieux en vous indiquant du bout du crayon quelques gentilles fleurettes ou quelques gracieux feuillages.

Voyez d'abord sur ce talus cette plante aux feuilles glauques, dentelées, tordues, s'enroulant en rampant le
long de la tige rigide qui les traverse; d'autres tiges
feuillues, couronnées de fleurs et de boutons, s'élançent
droites pour retomber ensuite en courbes élégantes, se tire-
bouchonnant souvent comme si le poids de la fleur était trop
lourd pour elles, c'est le Pavot. Vous voulez du décoratif, en
voilà ou je ne m'y connais guère, et en vérité si cette plante est
une plante « sauvage » sa sauvagerie est bien attrayante.
Non seulement le pavot rose ou rouge est éclatant de
couleurs, mais il est aussi remarquable dans ses formes
capricieuses et anomales au possible; celui-ci porte
haut et fier ses quatre pétales crémeux se violaçant vers le
centre où sommeille l'ovaire à stigmate élargi qui figure un
bouclier rayonnant entouré d'étamines nombreuses; celui-là,
tête courbée, laisse mollement retomber ses pétales; d'autres
sont géminés, triplés, quadruplés. Les pétales servent de calice
à une myriade d'aigrettes qui se dressent, se bouclent en folle
chevelure... Trop fugace, malheureusement, le pavot est
à peine en floraison qu'il se désagrège, sème ses pétales et ses
étamines pour laisser à découvert l'ovaire qui s'arrondit
bourré de graines ; un même pied soutient souvent à
la fois des fleurs, des boutons, des gousses, l'ensemble des trois est du plus pittoresque effet.

L'étymologie du pavot est assez curieuse pour être
citée, ce sont ses graines qui lui ont valu son nom :
Pavot provient du mot celtique *papa* qui veut dire
bouillie ; allusion à l'usage ancien de mêler les
graines de cette plante à la bouillie des enfants
pour les faire dormir.

C'est au hasard que nous marchons, n'est-ce
pas ? non à la recherche des plantes curieuses,
mais en nous contentant d'examiner et de causer

6

entre nous de celles qui voudront bien se trouver sur notre passage.

Dans la verdure, au milieu des carottes au feuillage ténu, derrière ce régiment d'oignons montés dont nous parlions tout à l'heure, est une maisonnette grise au toit de chaume moussu, au-dessus s'étalent gaiement les fleurs, larges ombelles blanches, d'un vigoureux sureau aux feuilles dentelées ; des légumes l'entourent, soignés, bien alignés dans les carrés où ils ont été plantés ; partout ailleurs les plantes poussent à leur gré, et ma foi ce n'en est que plus joli ; de-ci, de-là une rose, un œillet piquent leurs notes gaies, mais on sent qu'ils ne sont point chez eux, ils s'étiolent au milieu des sauvageons de toutes sortes qui les entourent, poussent partout, même sur le toit de chaume où se sont réfugiées les Joubarbes aux fleurettes jaunes ou rosées, au calice charnu. Les étamines de la joubarbe, en nombre infini, se dressent autour des pétales étoilés comme autant de paillettes lumineuses. Les feuilles d'où s'élancent les tiges fleuries sont charnues également, d'un vert grisâtre ; elles portent à leurs aisselles des rejets rampants munis de racines-crampons qui maintiennent ferme la plante entre les paillis du chaume, la fixent aux pierres chancelantes entre lesquelles un peu de terre suffit à les faire vivre. C'est là que la plante naîtra, se reproduira ; quelque abeille ou quelque papillon en a jadis, sur ses ailes, apporté le pollen et aujourd'hui la plante vivace et robuste est si bien chez elle, s'est si librement reproduite qu'elle fait partie intégrante de l'humble chaumière dont elle devient la parure. Un toit de chaume, un pan de mur, quelques joubarbes, voilà un sujet tout trouvé.

Poussons la barrière qui a la prétention de fermer l'enclos au milieu duquel est campée la maisonnette, nous trouverons là à glaner pas mal. Rassurez-vous, le « châtelain » est un brave homme, qui a peut-être le défaut d'aimer un peu trop le raisin... quand il a passé par le pressoir... mais qui sera enchanté de nous laisser pénétrer dans son « parc ».

Aïe !... je m'y attendais, nous nous sommes trop approchés du plant d'oignons... nous en avons pour un bout de temps à en entendre vanter les qualités ; depuis que j'ai eu l'idée de les peindre, ces oignons, leur propriétaire se figure, chaque fois que je passe par chez lui, que je vais recommencer.

« Ah ! ah ! vous allez cor peinturer mes oignons ? sont-ils beaux, hein ? et

puis, j'vas vous dire... (ce j' vas vous dire, expression de terroir, revient à toutes les phrases).

— « Mais non, père Ma-   thieu, je ne me sens

pas en train de faire de l'oi-   gnon, aujourd'hui !

— « Ah, ben, c'est dommage parce que j' vas vous dire !...

— « Non, père Mathieu, ne dites rien, et laissez-nous admirer les beaux soleils que voilà, la clématite, le chèvrefeuille qui sentent tout plein bon ! puis la bryone qui s'enroule si gentiment là-bas.

— « Bast ! c'est des mauvaises herbes, tout ça ; ça pousse comme du chien-dent, malheur ! dire qu'y faut se donner un mal du diable pour faire pousser

mes oignons et qu'ça, y fau-drait que je m'
donne un mal du diable pour les empêcher
de pousser...
c'est mal ar-
rangé tout ça et
c'est pustôt les
oignons et les ca-
rottes qui devrions
pousser tout seuls et
pis, j'vas vous dire!...

— « Mais non, mais
non, père Mathieu, votre
jardin est superbe, c'est
plein de fleurs partout, ne
vous en plaignez pas.

— « Ben oui! mais j'aime-
rions mieux des légumes, et si
j'étions pas si vieux, je vous en
réponds ben que toutes ces sales
herbes-là elles auraient
vite fait de s'en aller
s'accrocher ailleurs
qu'ici... pour sûr qu'y en aurait seulement pas la queue
d'une, si j'avais quasi-
ment quéqu'années de
moins... Enfin, c'est trop
tard et pisqu'elles y sont à
présent faut ben que j' les y laisse!... Alors,
c'est entendu, vous faites pas mes oignons?...

— « Non! pas aujourd'hui.

— « Bien, bien! mais vous avez tort, jamais ils ont été si beaux! »

C'est une idée fixe décidément; mon bonhomme me tourne les talons, il
est certainement vexé, mais tant pis, je ne peux pourtant pas me vouer

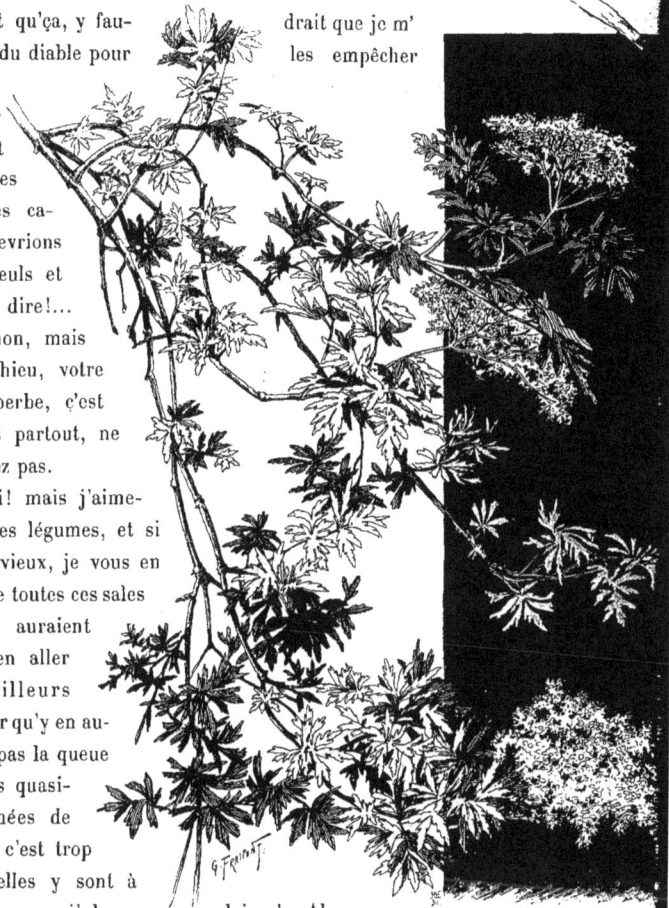

éternellement à la peinture de l'oignon !

Je préfère de beaucoup faire une étude de cette magnifique Clématite méprisée du papa Mathieu, mais non des horticulteurs qui ont trouvé moyen de la civiliser, de l'élever, de la perfectionner au point d'en changer et les dimensions et les couleurs, d'en arriver à forcer la plante à donner des fleurs énormes (certaines espèces sont grandes comme des assiettes) qui, partant du blanc, passent par toutes les nuances des roses, des mauves et des violets. Ici, point de cela, nous avons affaire à la clématite spon- tanée de beaucoup plus vivace, plus robuste. L'autre ne se voit guère que dans les parcs ou les jardins et de- mande des soins que notre bohémienne dédaigne, dont elle n'a que faire ; toute seule elle sait choisir l'endroit qui lui convient pour grimper, s'enrouler, se cramponner, puis retomber à l'époque de la floraison, en touffes neigeuses, odoriférantes ; la floraison passée, elle se métamorphose en boules chevelues, duvetées, d'un effet tout différent, mais non moins pimpant, bien qu'un peu déjeté. Les tiges de la clématite s'attachent à la tige mère d'une façon très caractéristique ; à cette tige viennent se river, comme par des nœuds, la fleurette blanche à quatre pétales lancéolés ayant au centre une queue barbue, blanchâtre, toute entourée d'étamines blanches aussi ! Je connais peu de plantes ayant une aussi jolie allure que celle-là, le feuillage d'un beau vert fait ressortir le joli ton laiteux de la fleur soutenue par une longue tige, d'où partent d'autres tiges portant d'autres fleurs ou des boutons..... c'est un papillotement d'une exquise légèreté.

Papillotement et embaumement aussi ce Chèvrefeuille qui vient mêler ses lianes et ses feuilles, soudées par leur base, à celles de la clématite, confondre les blancheurs rosées ou dorées de ses fleurs avec les blancheurs de sa voisine de muraille comme elle confond dans l'air son parfum avec le sien.

Elle justifie bien son nom de Chèvrefeuille, la charmante fleur que dédai-

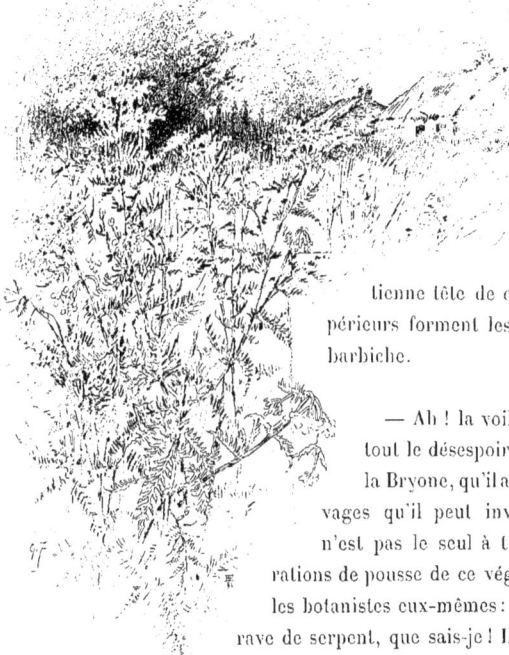

gneusement le père Mathieu appelle de la broutebiquette, ignorant peut-être que ce nom est presque technique ; en regardant la plante de profil elle prend absolument l'aspect d'une lilliputienne tête de chèvre, dont les pétales supérieurs forment les cornes, et les étamines la barbiche.

— Ah ! la voilà cette plante qui fait surtout le désespoir de ce brave papa Mathieu : la Bryone, qu'il appelle de tous les noms sauvages qu'il peut inventer ; il faut croire qu'il n'est pas le seul à trouver à redire aux exagérations de pousse de ce végétal, car il est baptisé par les botanistes eux-mêmes : navet du diable, navet fou, rave de serpent, que sais-je ! Il paraît que quand on en a un pied chez soi, la plante, d'une extrême vitalité, a vite fait de se fourrer partout, d'étreindre dans ses cirrhes arbrisseaux ou arbustes, justifiant ainsi son nom provenant du grec ἐρύω (je pousse).

Comme horticulteur ou arboriculteur, j'admets que l'on s'en plaigne, je trouve même qu'on a raison de se débarrasser de l'indiscrète visiteuse, mais comme artiste je l'aime et je suis enchanté de la voir se faufiler traîtreusement dans le jardin du père Mathieu, que j'ai le don de mettre en rage — ce à quoi, bonne âme, je ne manque pas à chacune de mes visites, — lorsque je veux lui faire admirer la forme superbement découpée de la feuille, la grâce de la fleur et la façon coquette dont les fruits, ressemblant à des groseilles et rouges comme elles, se suspendent le long de la tige.

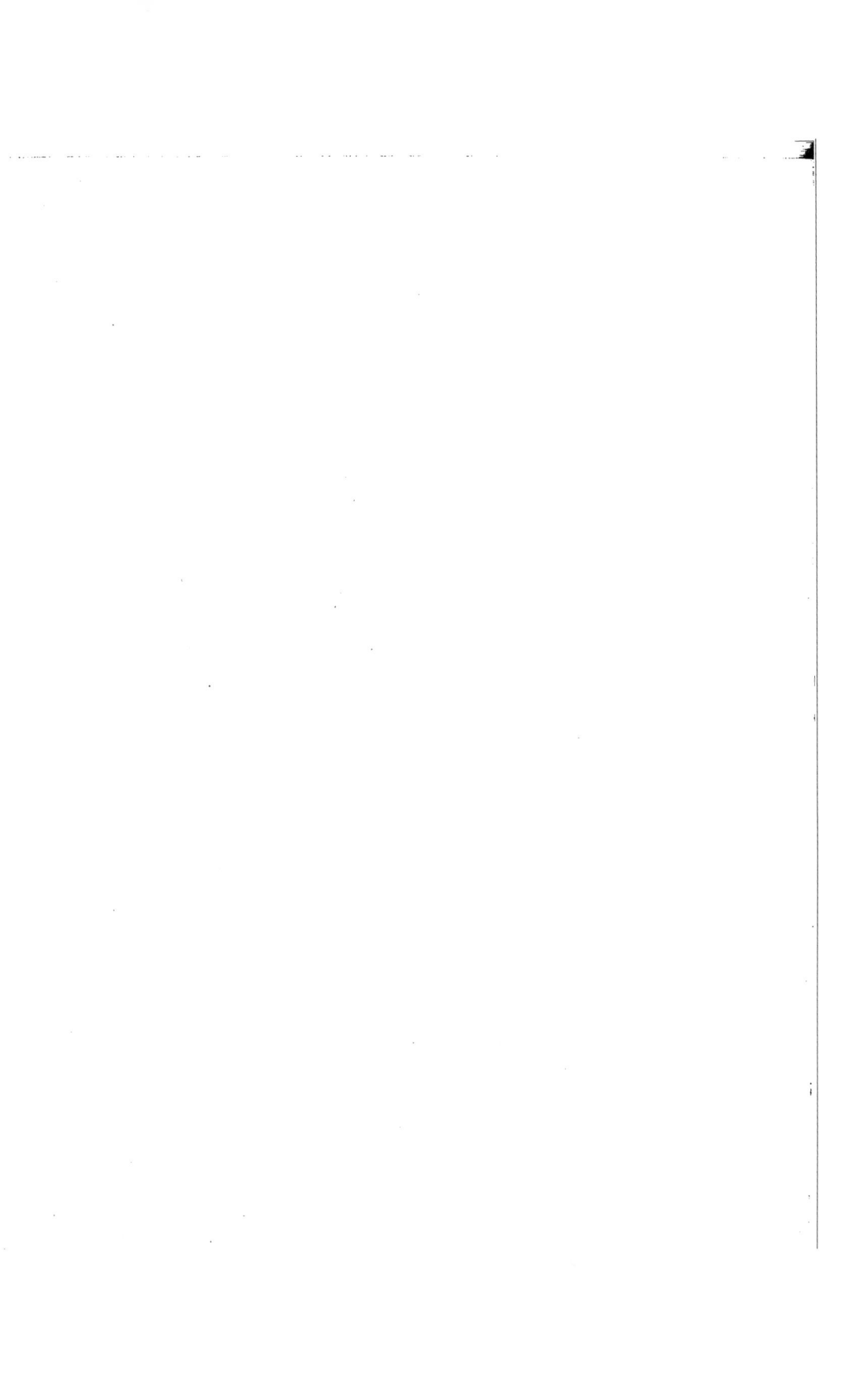

— « Mais regardez donc, père Mathieu, je vous dis que c'est ravissant votre bryone, les feuilles ressemblent à celles de la vigne!

— « La vigne! ah dites pas ça ou j'vas me fâcher! d'abord si ça ressemble à la vigne, pourquoi qu'ça porte pas des raisins au lieu de porter ces vilaines petites boules qui sont d'la poison....

— « Ah! ça, père Mathieu, « j'vas vous dire » !..

— « Rien du tout! et t'nez, v'là l'cas que j'en fais d'votre belle plante! »... et mon brave homme d'empoigner à deux mains les lianes tout à l'heure si gracieusement suspendues et de les piétiner... rien d'amusant comme ces colères-là, dont la plante se rit aussi du reste, continuant ses incursions au milieu des arbustes, faisant si bien corps avec eux que les feuillages se confondent. Les jardiniers en penseront ce qu'ils voudront de cette plante endiablée, les artistes n'en persisteront pas moins à l'aimer.

— Décidément le bonhomme est furieux, il a pris à rebrousse-poil mes plaisanteries et il est en train là-bas d'arracher navets du diable, ronces et tout le reste... Après tout, c'est un service que je lui rends là; plus il en arrachera, mieux ça vaudra pour lui, puisqu'il ne considère pas la plante au même titre que nous... et puis il est brave homme, et demain il n'y paraîtra plus.

— « Au revoir père Mathieu ! »

Quittons le chaume, mais non sans nous arrêter devant les deux magnifiques Soleils (tournesols, si vous préférez) qui se dressent là au seuil de la porte, comme deux gigantesques sentinelles; je dis gigantesques, car leurs énormes têtes au réceptacle brun, aux pétales jaunes, dépassent de beaucoup les nôtres. Robustes plantes, velues, hérissées, rudes au toucher, munies de larges feuilles solides. Plante de majestueuse allure et de superbe couleur; plante sauvage, pourtant, poussant suivant son bon plaisir! Le Tournesol me paraît affectionner tout particulièrement les rails de chemin de fer... à moins que ce ne soient les préposés aux rails qui les affectionnent... vous avez dû, en effet, remarquer comme moi que partout où il y a une cahute d'aiguilleur, un soleil, deux soleils, dix soleils se dressent sur leurs hautes tiges; pourquoi ?... Quelle corrélation peut-il bien y avoir entre le tournesol et la locomotive ?... mystère !

Nous arrivons dans les champs où naissent d'autres
fleurs non moins belles ; voici le Coquelicot, flamme rouge
qui s'allume aux pailles des blés et des
avoines, anime tout autour
d'elle, se propage dans les
champs comme un feu
d'artifice embrasé par le
soleil et dont les Bluets, flammes bleues, sont les étoiles.

Ces deux fleurs naissent côte
à côte et scintillent ensemble,
dans un bouquet éclatant ; les
épis regorgeant de grains se
courbent gracieusement autour d'elles, s'inclinant pour les saluer.

Le Coquelicot, ce bohème un peu dé-
gingandé, portant crânement sur l'oreille sa calotte
rouge doublée de satin noir, se dresse robuste ou
se courbe aimablement sur sa tige duvetée, côtoyant
son inséparable ami le Bluet, plus distingué
d'allures, habillé de couleurs plus discrètes, mais
qui tout aussi indépendant que lui, se niche
à son gré au beau milieu des champs de
blés ou reste sur la lisière de la blonde
forêt d'épis. Les pétales du bluet, en-
clavés sur un pédoncule à écailles ve-   lues, sont découpés en dentelures fines comme un peigne   délicat. La fleur
bleue et la fleur rouge font bon ménage ; les alouettes qui viennent ma-
rauder des épis sous leurs nez se frôlent malicieusement à leurs feuilles.
Les épis pointus et droits se serrent en bataille et servent de fond aux
bluets et aux coquelicots qui semblent commander dans leurs rangs. Et là tout
à côté dans le pré voisin, c'est une myriade de marguerites éblouissantes de blancheur, complément des deux autres. Bluet, marguerite, coquelicot : bleu, blanc,
rouge, nos couleurs nationales se détachent sur le fond or des blés mûrs.

— « Un peu, beaucoup, passionnément, pas du tout »... Ces mots viennent
malgré soi à la   pensée, lorsqu'on regarde la Marguerite. Que

de doigts mignons en ont effeuillé les pétales jetés au vent, que de petits
cœurs ont battu à l'attente de l'oracle demandé! que de fois la pauvre fleur,
foulée aux pieds, fut maudite lorsque le dernier pétale s'envolait sur les
derniers mots de la phrase prononcée! Que de fois elle fut bénie lorsqu'elle sut

7

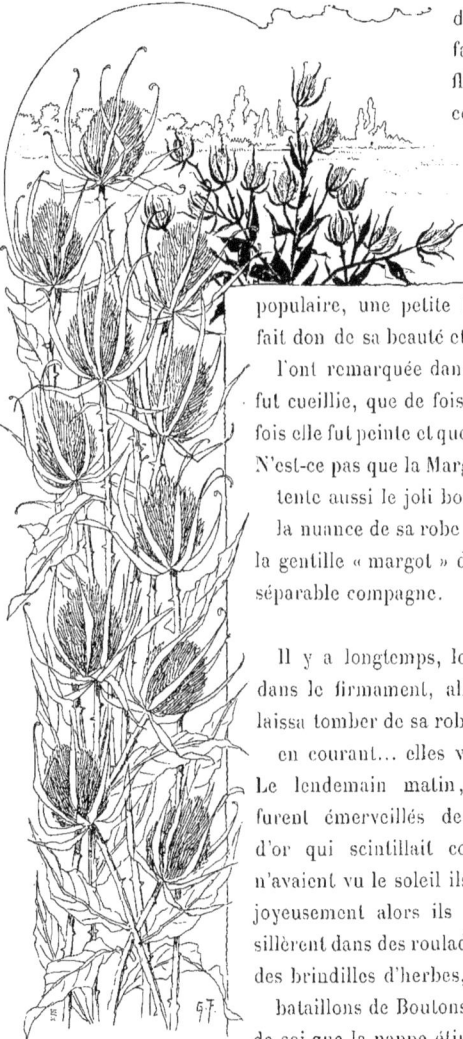

distribuer ses pétales en nombre favorable. La Marguerite est la fleur que tous les promeneurs connaissent, elle est dans tous les bouquets que l'on cueille un jour de printemps, elle anime les chambres de ceux qui se fleurissent au bord des chemins; c'est une fleur populaire, une petite bourgeoise des dimanches qui fait don de sa beauté et de sa fraîcheur à tous ceux qui l'ont remarquée dans les sentiers. Que de fois elle fut cueillie, que de fois on la cueillera encore! Que de fois elle fut peinte et que de fois on la peindra encore!... N'est-ce pas que la Marguerite vous tente, comme vous tente aussi le joli bouton d'or qui a voulu assortir la nuance de sa robe scintillante, à celle du cœur de la gentille « margot » dont elle est dans nos prés l'inséparable compagne.

Il y a longtemps, longtemps, un ange, qui passait dans le firmament, allant allumer les feux du ciel, laissa tomber de sa robe des étoiles qu'il avait cueillies en courant... elles vinrent choir dans une prairie. Le lendemain matin, en s'éveillant, les oiseaux furent émerveillés de voir devant eux un champ d'or qui scintillait comme l'image du ciel; s'ils n'avaient vu le soleil ils se fussent cru dans la nuit; joyeusement alors ils se mirent à chanter et s'égosillèrent dans des roulades sans fin... Devant eux, entre des brindilles d'herbes, avaient tout à coup surgi des bataillons de Boutons d'Or, on ne voyait plus autour de soi que la nappe étincelante des fleurs écloses dans la nuit.... Ainsi naquit la jolie fleur.

Et maintenant parcourez ce pré et regardez à vos pieds les richesses étalées, fleurettes de toutes tailles, de toutes formes, de toutes couleurs, grimpant, rampant ou dressant crânement leurs tiges souples ou rigides. Les énumérer, non, elles sont trop nombreuses.

Comme sujet rustique en voilà un tout trouvé, là à quelques pas, au bord du champ voisin : cette charrue au repos, dont le soc rouillé s'enfonce dans les herbes, est d'un pittoresque effet, vue au travers de ces hautes flamberges enrubannées d'un mauve exquis ; le petit air aristocratique de cette jolie plante aux fleurs étoilées, pelotonnées le long des tiges, ne l'empêche pas de porter le nom roturier de Chicorée sauvage ; c'est de sa racine torréfiée que provient cette poudre brune qu'on mélange — la plupart du temps avec une profusion exagérée — dans le « moka » que nous buvons.

Tout à côté de la chicorée, s'élance du bord du talus, une touffe blanche, composée de mille petites fleurettes groupées en bouquet; c'est l'Achillée (ou Mille-feuilles), elle fait partie de cette extraordinaire famille des fleurs des champs qui semblent avoir été créées pour servir de documents à l'artiste. Couverte d'un soyeux duvet argenté, elle est formée de tiges soudées les unes aux autres en angle et qui deviennent de plus en plus petites, jusqu'au corymbe presque régulier formé d'une quantité innombrable de fleurs en capitule ; ses ombelles ouvertes au soleil sont d'un blanc éclatant, ses feuilles à divisions oblongues sont de petites lances très dentées et serrées les unes contre les autres.

A chaque pas c'est une plante nouvelle : ici la Sauge à l'épi formé de fleurettes bleues, là l'odorante Verveine ; le Tulpin aux épillets uniflores et qui capricieux et changeant, colore en lilas ses anthères d'abord blanches qu'il teinte ensuite en bleu. Cette élégante graminée dont les tiges ténues paraissent garnies de grelots porte un nom charmant : « Amourette », sans doute à cause de ses mignons épis qui ont la forme de cœurs, cœurs légers, inquiets, point stables, car la moindre brise les fait voltiger de droite et de gauche sans les fixer jamais. Voici le Caille-lait aux feuilles étoilées, au panache blanc à côté de la Pimprenelle au pompon pourpre.

Cette singulière petite plante dénuée de feuilles, composée seulement de tiges fines qui se mêlent, se croisent en tous sens comme un écheveau embrouillé, piqueté de fleurettes, a nom Grande Cuscute, mais on lui a donné aussi un double surnom : cheveux de Vénus, nom charmant, cheveux du diable nom moins doux; cheveux qui en tout cas vont, en s'emmêlant de plus en plus, entortiller les végétaux voisins qui ne s'en peuvent débarrasser.

Voici la triste Scabieuse à la fleur d'un violet éteint, elle paraît envier l'air guilleret, le ton vif des petites clochettes des Campanules tintinnabulant gaîment à ses côtés.

Ces grandes ombelles blanches, abritent la Ciguë, jolie d'aspect, mais malfaisante; approchez-vous-en, son odeur vous repoussera, les fistules sanguinolentes dont sa tige est stigmatisée vous avertiront du danger qu'il y aurait à la cueillir.

Sachant fort bien qu'il n'a rien à redouter de la plante malsaine dont il brave le poison, le grand Liseron vient, en la frôlant, tortiller ses volubiles souples au buisson voisin qu'il enrubanne de ses feuilles bien vertes et de ses calices si blancs qu'ils lui ont valu l'aimable nom de chemises de Notre-Dame.

Plus loin, cette pyramide violette est un Pied-d'Alouette ; la forme étrange de sa fleur l'a fait baptiser aussi éperon de chevalier. Enfin voici des Adonides aux pétales écarlates ou jaunes, voici des Menthes aux parfums poivrés, voici une foule d'autres mignonnettes dont j'ignore les noms.

J'ose à peine vous parler des Orties dont je remarque que vous vous écartez avec un certain effroi... Je vous entends: «Ça pique!...» Eh oui! ça pique! mais je vous avertis que si vous voulez aller par monts et par vaux à la recherche du

« motif » ou si vous vous mettez en quête de quelque fleur bien posée sur sa tige, il ne faut pas trop redouter les caresses parfois brutales des ronces et des orties, pas plus que celles des guêpes ou des moustiques. Ces plantes sont chez elles, après tout, et ces bêtes aussi ; vous venez troubler leur quiétude... elles vous avertissent qu'elles se défendront et puis, franchement, vous-même y regardez-vous de si près ? combien de fois n'avez-vous pas, madame, de votre petit talon, écrasé d'aimables fleurs qui ne demandaient qu'à vivre, et vous, monsieur, de votre large semelle ferrée, combien en écrasâtes-vous de ces insectes aux chatoyants reflets ?... Il est de toute justice donc, que les plantes bardées d'épines et les bêtes armées de dards vengent leurs congénères sans défense...

Pardon de la digression, mais elle a un but, celui d'en arriver petit à petit à vous conduire vers ces Orties, vers ces Ronces, aussi vers ces Chardons, vous forcer à les regarder, à les toucher, voire à les cueillir pour les peindre chez vous ; quand j'en serai arrivé là je serai ravi et vous jugerez par vous-même que les compliments que j'ai adressés, au début de ce livre, aux unes et aux autres ne sont nullement exagérés.

Là ! nous voici donc en arrêt devant ces « chatouillantes » orties. Pour achever de vous réconcilier avec elles j'ajouterai que, si pareilles en cela à bien des gens, elles ont l'aspect rugueux, se hérissent au moindre choc, elles ont le cœur exquis ; demandez plutôt aux abeilles qui sont friandes au possible des jolies fleurs blanches qu'elles portent le long de leurs tiges, et où elles viennent récolter le suc que ces fleurs renferment en quantité. Maintenant que vous voilà tout à fait bien disposée, faites-moi la grâce de remarquer l'élégance avec laquelle la plante se comporte; comme les fleurettes sont bien disposées, entourées de jeunes feuilles d'un vert éclatant, formant avec elles des groupes abrités par les feuilles aînées! Voyez cette autre ortie qui s'élance hardiment portant haut ses aigrettes... on en dira ce qu'on voudra, mais j'aime l'ortie!... Si le père Mathieu m'entendait!...

Bast, maintenant que j'y suis, à présent que je vous ai fait admettre l'ortie, je puis bien me risquer à vous parler d'autres sauvagesses de même acabit et vous prier de me suivre dans ce sentier.

Regardez ces touffes d'un vert sombre striées de courbes, de volutes carminées : les tiges; piquetées ici de scintillements rosés : les fleurs, et là de grappes rouges et noires : les fruits — l'ensemble est-il assez joli et de nuances et de formes? C'est ravissant, vous l'avouez, madame, et pourtant ce sont là ces Ronces tant décriées.

Ah! je sais bien que pour peu que vous vous engagiez par les chemins dont elles ont fait leur habitat, vous ne passerez point sans quelque accroc à votre jupe... Que voulez-vous! la ronce a ses épines tout comme la rose que cela ne vous empêche point d'aimer pourtant.

Et puis, qui sait? est-ce vraiment par intention méchante que la ronce essaye de vous enserrer dans ses tiges? N'est-ce point plutôt parceque, ravie de vous voir venir à elle, elle voudrait vous garder ? Qui sait si ses enlacements ne sont point des caresses, ses

piqûres, des baisers? Bien des fois j'ai vu des batailles entre femmes et ronces, batailles si charmantes que lâchement j'assistais en spectateur sans prendre parti. Rien de gracieux comme la jolie prisonnière fuyant d'un côté pour être aussitôt reprise de l'autre, poussant de petits cris à chaque nouvel assaut de la plante indiscrète qui grimpe, se faufile partout et ne cède qu'en grinçant aux doigts mignons qui la repoussent... Vous voilà prise, madame, je vous ai avertie pourtant et vous ai dit, je pense, qu'en ce genre de batailles je reste spectateur... Quand vous vous serez dégagée vous prendrez d'autres armes : le crayon, les pinceaux, puis regardant bien en face votre piquant adversaire vous fixerez ses traits sur votre album ; vous verrez que vous n'aurez nullement à rougir de vous être commise avec lui. Quand vous aurez fini l'étude de votre ronce vous pourrez, sans presque changer de place, reproduire l'image d'un autre « personnage » végétal à l'air renfrogné, grognon ; je veux parler de ce robuste Chardon qui vient mêler ses feuilles pointues, hérissées, aux épines de la ronce près de laquelle il a élu domicile ; il est toujours sur la défensive et fait songer à un vigoureux porc-épic dardant autour de son corps ses pointes menaçantes. Ses feuilles largement veinées de tons plus clairs sont recouvertes de feutre grisâtre et font paraître brillantes les fleurs rouge violacé qui portent d'énormes capitules écailleux. Voyons, avouez que cette plante est superbe et que l'échantillon que vous avez devant vous est surtout remarquable par sa taille imposante qui dépasse de beaucoup les nôtres. Ce chardon

est le vulgaire « chardon aux ânes », ainsi appelé parce que les aliborons en sont très friands, ce qui fait supposer que ces aimables animaux sont doués non seulement d'une voix superbe, d'un palais de premier ordre, mais encore d'une mâchoire !... Je ne m'étonne pas, après cela, que Samson en choisît une pour assommer les Philistins !...

Des chardons ! mais vous en trouverez de cent espèces, et plus piquants les uns que les autres. Variés de taille, d'allures, de couleurs, les uns sont bas, ramassés sur eux-mêmes, d'autres sont crépus et lancent de droite et de gauche leurs grandes tiges éperonnées ou pointent haut leur hampe feuillue ; parmi eux il en est d'un vert foncé, d'autres d'un vert bleuté, crémeux, — comme le joli chardon de sables que vous avez certainement vu sur les plages —, ou marbrant de blanc leurs larges feuilles contournées.

Et tenez, faisons un détour pour rentrer, je veux vous faire voir au croisement de deux routes toute une compagnie de végétaux du même genre que les précédents, sinon de la même famille.

J'aperçois d'ici leurs têtes poilues qui se dressent d'un air qu'elles voudraient rendre menaçant et qui n'est que pimpant... Pimpants aussi sont les noms que porte la plante ; elle en a plusieurs, tous jolis, vous choisirez : bain de Vénus, lavoir de Vénus, cabaret des oiseaux, noms justifiés parce que les feuilles, s'évasant en cuvette en partant de la tige, recueillent les gouttes de rosée ou les gouttes de pluie, ce qui forme autant de petits réservoirs où peuvent venir se désaltérer fauvettes et pinsons ; ses grandes feuilles lancéolées ont une carène solide, d'un ton plus tendre encore que celui de la feuille qui est d'un beau vert brillant. Quant à la floraison elle est remarquable : ces capitules à fleurs d'un bleu violacé ardent, enserrés dans les longues bractées aux pointes frisées, sont du plus flambant effet... Vous êtes de mon avis, je vois, et vous ne regrettez pas le détour que je vous ai fait faire.

Rentrons maintenant ; notre prochaine excursion se fera au bord du clair ruisseau qui coule là-bas et vers les étangs qui dorment non loin.

G. FRAIPONT

IMP. R. ENGELMANN PARIS

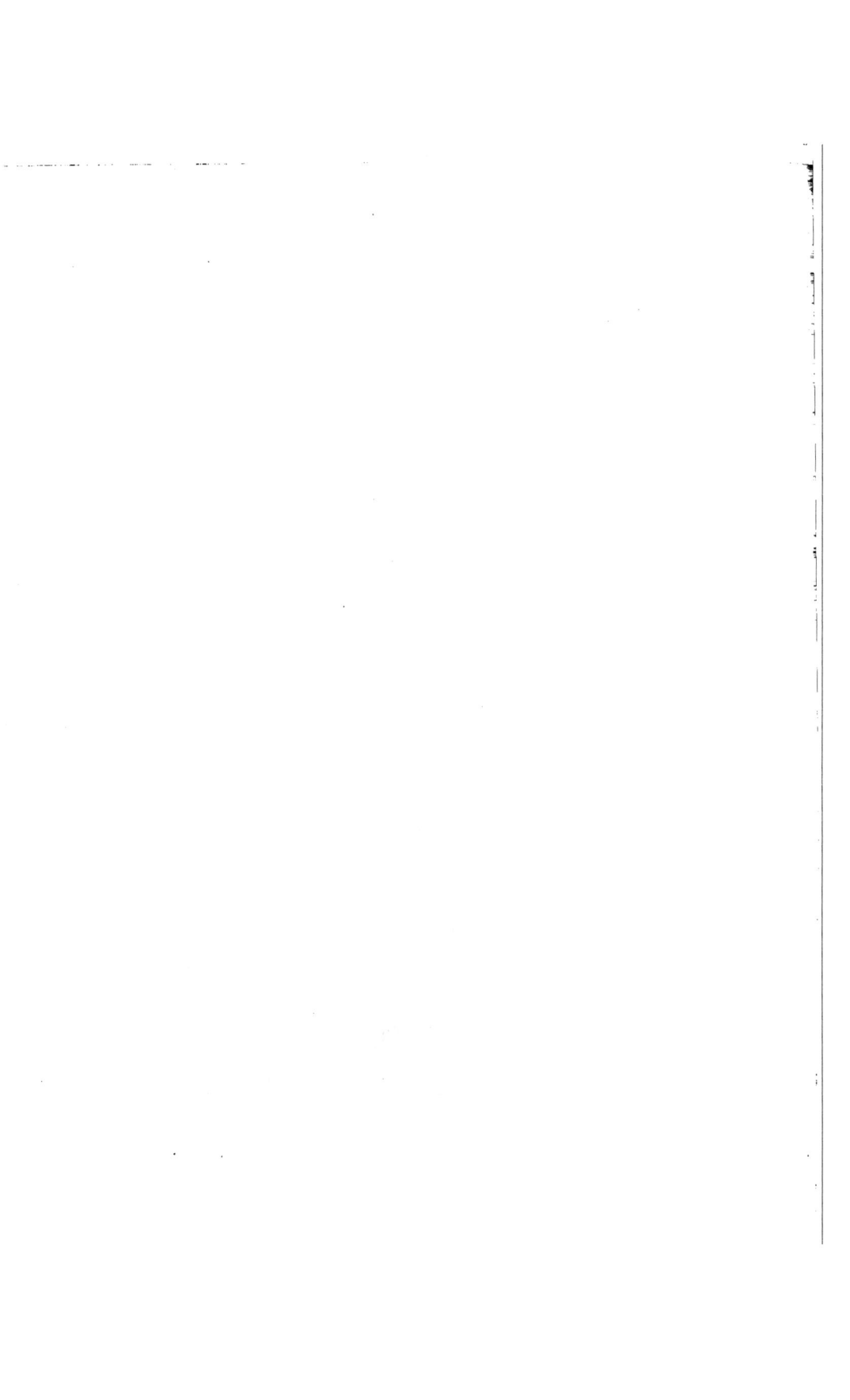

CHAPITRE VI

AU BORD DE L'EAU

Tout le long, le long du ruisseau.....

Nous irons, si vous le voulez bien, — quittes à troubler les pêcheurs dans leur passionnante occupation, dérangeant les libellules, — ces fleurs volantes dont les ailes sont des pétales et les antennes des étamines, — à la recherche des plantes aquatiques qui pourront nous intéresser, recherche qui sera couronnée de succès, n'en doutez pas, car elles abondent.

Nous verrons, en suivant le fil de l'eau, non seulement les fleurs qui s'immergent, mais encore celles qui, aimant la fraîcheur de l'eau, se contentent de vivre dans les terrains qu'elle arrose.

Voici d'abord devant vous, madame, une fleur qui souvent a dû vous être offerte, elle est toute petite, modeste, n'est point habillée de vêtements voyants, ne dresse point fièrement la tête, mais se cache timidement au milieu des herbes, s'y dissimule si bien que, si je ne vous l'avais fait remarquer, vous alliez passer sans la voir; qui sait?... peut-être alliez vous l'écraser; vous en eussiez certainement éprouvé du chagrin, car la mignonne fleurette qui rampe à vos pieds murmure doucement, si doucement que vous ne l'entendiez pas : « Ne m'oubliez pas ! » — Vous la cueillez, c'est bien, regardez-la de près maintenant, et vous verrez combien est charmante sa petite corolle bleu de ciel cernée d'une couronne blanche, puis jaune, et garnie en outre de petits rayons blancs. Qui donc fut sa marraine ? qui donc choisit ces noms charmants que porte, outre celui de Myosotis, la jolie petite plante :

Plus je te vois, plus je t'aime;
Aimez-moi, Grenillet; Souviens-toi
de moi ; Oreille-de-Souris ?...

8

Moins poétique est le nom de cette tige qui penche vers l'eau ses grappes aux fleurs pourprées : elle s'appelle Grande Consoude, passons-lui son nom désagréable eu égard à la façon dont elle est campée.

... N'y Touchez Pas ?... Je vous arrête, n'ayez peur cependant, et cueillez la plante si elle vous fait envie, mon exclamation est tout bonnement le nom qu'elle porte. Pourquoi ce nom ? Sans doute parce que, quand la fleur jaune à éperon, qu'elle porte en ce moment, se sera transformée en fruit, le plus léger attouchement le fera éclater violemment, découvrant cinq valves qui s'enrouleront en laissant tomber les graines... Vous pourrez en faire l'épreuve dans une prochaine promenade en ces parages ou ailleurs, cette plante n'est point rare.

Là tout près, dans ce terrain défoncé par l'humidité, brillent doucement des étoiles d'un rouge pâle : ce sont les OEillets des prés ; plus loin, ces fleurs blanches striées de rouge ont nom Pied-de-Loup ; c'est excellent à peindre, excellent pour la teinture, excellent pour les fièvres... excellent végétal, vous voyez.

Je vous fatiguerais en vous indiquant toutes les espèces qui croissent par ici : la Linaigrette aux épillets tout empoilés de blanc comme de petits vieillards barbus ; le Chasse-Bosse, nom singulier échangé aussi contre celui de Corneille, j'ignore pourquoi, car ses thyrses à fleurs jaunes étoilées n'ont rien qui rappellent son homonyme ailé... pas plus du reste que son homonyme littéraire... simple fantaisie, sans doute.

Traversons ce pré si vous ne redoutez pas trop l'herbe humide ; il est semé d'une myriade de taches mauves qui sont des Colchiques, bulbes délicats saillant d'une tige comme d'un fourreau et complètement dénués de feuillage.

Des Aulnes, des Presles !... Nous voici à l'étang tout emmaillé de joncs et d'osiers. Nous verrons là des plantes, qui ne se contentent point de l'humidité des terrains, mais plongent dans l'eau, y baignent leurs racines et laissent leurs fleurs flotter à sa surface.

C'est ici le domaine des Roseaux, des Nénuphars et des Iris. Inutile d'ajouter, je pense, que c'est également le royaume des grenouilles ; le concert qu'elles nous coassent pour nous souhaiter la bienvenue l'indique suffisamment ; ...quelque peu assourdissante et monotone, par exemple, cette symphonie grenouillante, mais, bast, à la campagne !...

Adonc, ne nous occupons plus d'elles, laissons à l'aise plonger les « batraciens » et revenons à notre botanique.

Ces longs Roseaux aux feuilles semblant des glaives, les uns dressés menaçant le ciel, les autres s'inclinant doucement vers l'eau en signe de paix, seront prétexte à une page superbe d'autant mieux que le fond, sur lequel se détachent ces longues cannes à pompon marron, est on ne peut mieux adapté et s'agence admirablement avec les premiers plans. Animez cela par l'une ou l'autre de ces grenouilles « chanteuses » ou par quelque martin-pêcheur comme celui qui vient de se poser là-bas pour lisser de son long bec ses plumes qui brillent comme autant de turquoises et d'émeraudes, et vous voilà avec un sujet tout composé... Vous dites que cela aussi a été fait vingt fois ? mais certainement, et plus de vingt fois, cent fois, mille fois, mais qu'est-ce que cela prouve ! sinon que la chose en vaut la peine ! vous ne vous attendez pas, je pense, à ce que je vous conduise dans des endroits inexplorés, auprès de plantes tout à fait inconnues des botanistes et des artistes... Ce que je vous ferai voir aura certainement été vu des milliers de fois, ce que je vous engagerai à peindre aura sans doute été peint mille fois aussi ; pourvu que ce ne soit point « par vous », ce sera du nouveau « pour vous » ; n'ayez donc crainte et mettez-vous à l'œuvre.

Préférez-vous ce jonc d'une autre sorte, ou celui-ci, ou encore celui-là ?... Oh ! les espèces ne manquent pas, ni les représentants de chacune d'elles non plus... vous n'avez qu'à choisir. Si l'aigrette de celui-ci, dont la forme rappelle à s'y méprendre celle de certain instrument fort redouté par M. de Pourceau-

LA PLANTE.

gnac, vous choque, choisissez le Roseau qui se
dresse là un peu plus loin, il se nomme Roseau
à balais, mais que vous importe... après tout le
pinceau n'est, en somme, qu'un balai lui aussi.
Vous éviterez, en reproduisant celui ci,
le fameux panache dont

l'allure vous a fait sourire, bien qu'il n'ait rien de déplaisant, à mon avis;
dans l'espèce dont nous parlons, il est remplacé par un immense panicule dont
les épillets contiennent quatre ou cinq fleurs à base poilue... Cela vous plaît?..

crayonnez, mais avant de vous installer, laissez-moi encore vous faire remarquer cette très singulière touffe dont les racines plongent dans l'eau et dont les
feuilles, de forme triangulaire, parfois vertes et parfois marron, surnagent,
soutenant dans leurs aisselles de petites étoiles blanches qui sont des fleurs :
Châtaignier d'eau est le nom de la plante (on la nomme aussi Macre nageante) ;
à partir de juillet ses fleurs se transforment en fruit dont
le noyau, m'a-t-on affirmé, four-
nit une farine comestible.

A côté brille
l'Iris des Marais,
dont la fleur est
une couronne d'or
sur la tige flexible ; les feuilles
aiguës semblent couper les
feuilles rondes des Nénu-
phars, paresseusement étendues sur l'eau et qui forment
un immense tapis vert
à rosaces blanches et jaunes.

Non seulement l'iris attire
par sa couleur, mais aussi
par ses formes, la
plante tout entière
est d'une venue
parfaite :

De ses tiges élancées jaillissent
d'une part de longs boutons, de
l'autre des feuilles qui s'enroulent
d'abord en l'enveloppant, puis s'apla-
nissent pour s'élancer en longues lances
tellement acérées, qu'elles entameraient
les chairs si l'on s'avisait de glisser un peu trop brusque-   ment les
doigts en les enserrant ; blessures vites cicatrisées du reste, car l'iris ne contient

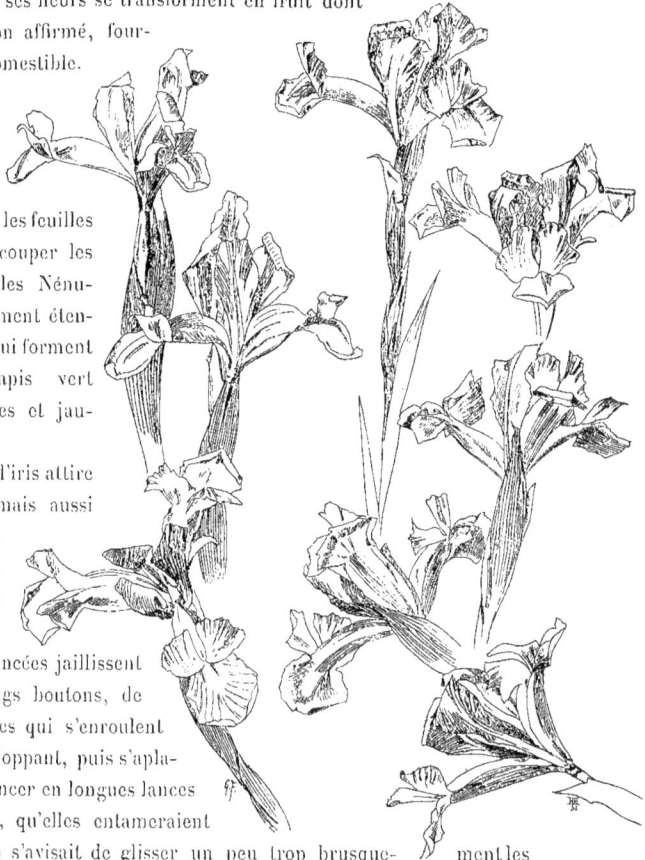

aucun suc malsain ; il vous prévient seulement qu'être cueilli ne lui plaît guère et qu'il aime mieux la compagnie des nénuphars et des roseaux que la vôtre ; peu galant en ceci, mais veuillez songer que cette plante est sauvage, sans éducation aucune, que dès son enfance elle a connu ces rives calmes et tranquilles, qu'elle n'eut jamais comme miroir que cette eau stagnante qu'elle préfère de beaucoup à l'eau limpide du vase coquet où vous plongeriez sa tige, si vous vous avisiez de la cueillir avec sa fleur. Le chagrin tuerait celle-ci, du reste, les belles couleurs d'or de sa corolle se terniraient, ses pétales actuellement duvetés se rideraient, retomberaient et la pauvre fleur mourrait entre vos doigts. Laissez-la donc vivre ici, elle serait, au reste, difficile à atteindre, car elle a eu soin de prendre racine sur un terrain vaseux, mouvant, où je ne vous conseille pas de vous aventurer.

Le Nénuphar, plus encore que l'iris, se met à l'abri des doigts indiscrets. L'eau est un royaume dont cette superbe fleur est la reine, que dis-je, la divinité ! elle se nomme nénuphar, c'est-à-dire nymphe, et comme telle elle exige des égards. Elle navigue en pleine eau, s'écartant des rives pour étaler à l'aise sa corolle blanche ou jaune ; sous l'eau ses tiges submergées vont, en rampant en tous sens s'allonger, en méandres infinis pour rejoindre la souche volumineuse où elles ont pris naissance. Soutenues sur les larges feuilles, les fleurs se reposent nonchalamment, recevant les baisers de quelque galante libellule ou les hommages de quelque jeune grenouille venant se blottir à ses pieds.

L'image du nénuphar n'est pas toujours commode à reproduire ; en approcher est d'autant plus malaisé que ses tiges, nouées, emmêlées, forment sous l'eau un treillis inextricable, très dangereux car il est invisible ; les rames du canot, dans lequel vous voudriez vous embarquer pour atteindre la fleur, s'y prendraient comme en un traquenard.

Pour cette fois, renoncez donc à la tentation et attendez une occasion meilleure ; en quelqu'autre endroit vous trouverez bien une « nymphe » moins farouche, qui se sera quelque peu rapprochée du rivage et consentira à poser pour vous.

A la distance où vous êtes, vous ne voyez pas distinctement la conformation des majestueuses fleurs, laissez-moi donc de mon mieux vous les dépeindre en quelques mots, puisque, plus heureux que vous, j'ai pu crayonner quelques-unes de leurs pareilles.

Les fleurs, qui d'ici vous paraissent de dimensions restreintes, atteignent jusqu'à huit et neuf centimètres dans nos climats; certaines espèces de nénuphars exotiques portent des fleurs de cinquante centimètres et des feuilles de cinq et six mètres de circonférence. Le Nénuphar est garni de plusieurs rangs de pétales ovales, lancéolés, d'un blanc pur comme le blanc du lis dont il a la carnation. Les pétales circonférentiels, blancs aussi à l'extérieur, sont en dessous d'un vert tendre, deux ou trois de ceux-ci constituent le calice. Au cœur de la fleur dorment les étamines nombreuses, blanches également et dominées par une anthère d'or, véritable aigrette brillante comme un bijou.

La fleur peu à peu se transforme en un fruit dont la capsule plonge, lorsque le dernier pétale est tombé, et va s'ouvrir sous l'eau où il répand les graines destinées à perpétuer la race.

Il est un autre nénuphar, complètement jaune, moins joli, moins aristocratique, dirais-je presque, que le nénuphar blanc dont il n'a ni la taille, ni les formes; cinq sépales raides, épais, arrondis, servent d'enveloppe à de petits pétales tronqués où se blottissent les étamines; tout est jaune : sépales, pétales, étamines. La feuille dans cette espèce est ovale, en forme de cœur, tandis qu'elle est arrondie chez le nénuphar blanc.

Et maintenant que j'ai eu l'occasion de déployer devant vous toute mon « érudition », éloignons-nous d'ici, car « si ces rives sont enchanteresses », l'enchantement est considérablement atténué par la présence de MM. les moustiques et de MM. les cousins qui commencent à faire leur apparition; c'est leur heure de promenade et mieux vaut leur fausser compagnie.

Les cousins ! vilaines bestioles qui m'ont souvent gâté tout le plaisir que j'avais à travailler au bord de

l'eau. Cousin!... Quel est le mauvais plaisant qui a créé cette parenté, que je décline absolument pour ma part? je tiens à déclarer que ces cousins-là et moi, nous ne sommes pas cousins du tout!...

Hélas! toute belle chose a son vilain côté, « toute rose à ses épines! » J'ajouterai à ce dicton, vieux mais d'actualité, que *tout étang a ses moustiques.* C'est moins poétique, tout aussi vrai mais beaucoup plus ennuyeux, car si l'on peut éviter les uns on ne peut guère éviter les autres que par la fuite... ou en fumant des pipes, moyen que je n'oserais vous recommander, mesdames!... La malechance veut que ce soit justement vers la fin de l'après-midi, alors que l'effet est des plus séduisants, que l'insecte fait son apparition, le monstre!...

N'importe, malgré tout l'ennui qu'occasionne le cousin, malgré tout le dommage qu'il cause à mon épiderme, je ne me lasse pas d'aller m'installer au bord de l'eau et je vous conseille, bravant piqûres et chatouillements, de faire comme votre serviteur (en emportant, comme lui, un flacon d'arnica). Vous verrez que, somme toute, le plaisir dépasse de beaucoup la peine.

Certain paysagiste de talent demandait, en venant me voir à la campagne :
— « Y a-t-il de l'eau ici? un fleuve, un torrent, un ruisseau, un ruisselet, un

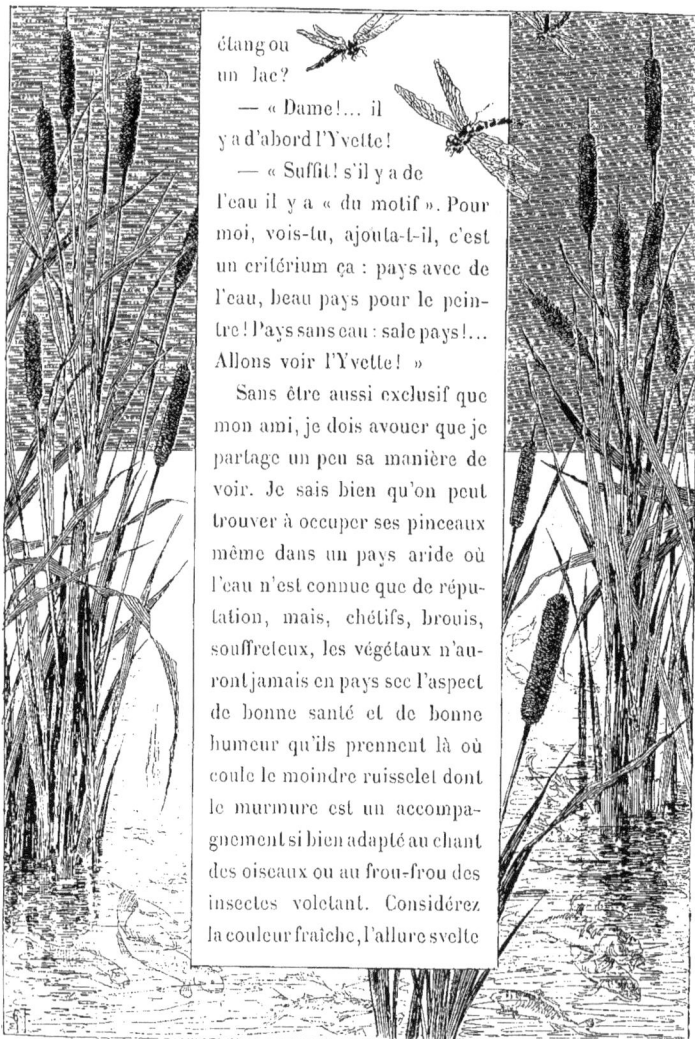

étang ou
un lac?

— « Dame!... il
y a d'abord l'Yvette!

— « Suffit! s'il y a de
l'eau il y a « du motif ». Pour
moi, vois-tu, ajouta-t-il, c'est
un critérium ça : pays avec de
l'eau, beau pays pour le peintre! Pays sans eau : sale pays!...
Allons voir l'Yvette! »

Sans être aussi exclusif que
mon ami, je dois avouer que je
partage un peu sa manière de
voir. Je sais bien qu'on peut
trouver à occuper ses pinceaux
même dans un pays aride où
l'eau n'est connue que de répu-
tation, mais, chétifs, brouis,
souffreteux, les végétaux n'auront jamais en pays sec l'aspect
de bonne santé et de bonne
humeur qu'ils prennent là où
coule le moindre ruisselet dont
le murmure est un accompagnement si bien adapté au chant
des oiseaux ou au frou-frou des
insectes voletant. Considérez
la couleur fraîche, l'allure svelte

et délurée des arbres qui baignent leurs racines dans ce ruisseau, ou ceux qui s'y mirent complaisamment en réflétant leur image chagrinée seulement par les rhizomes qui rident sa surface : arbres vigoureux comme le peuplier qui s'élance d'un trait vers la nue ou comme le saule au tronc fantastique, à l'écorce bâillante dont le feuillage argenté frétille au moindre zéphir. Les fleurs qui poussent en ces parages, — tel par exemple, le narcisse, à la corolle d'argent, collerettée d'or — sont fraîches, bien vivaces ; voyez comme elles ont un petit air « content de soi » !

Le Narcisse, vous en connaissez l'histoire et vous savez certainement depuis quand il a choisi comme séjour le bord des rivières, les rives des étangs :

Un jeune Grec envers qui les dieux s'étaient montrés prodigues, à la naissance duquel Apollon présida, — lui offrant la beauté du corps et la grâce, la force musculaire et la souplesse, — dédaigna l'amour de la nymphe Écho, qui l'appelait en vain, et s'éprit de sa propre image qu'il voyait se refléter dans l'onde claire ; il cherchait à l'atteindre lorsque les dieux irrités le changèrent en une fleur à laquelle ils donnèrent son nom.

...L'histoire néfaste de mon pauvre petit Grec (histoire que vous connaissiez pourtant) vous laisse rêveuse... entre nous, avouez qu'il était par trop fat, et que se complaire à ce point dans l'admiration de soi-même est vraiment excessif.... Je trouve comme vous que la punition est peut-être exagérée et que si toute faute ès-coquetterie était aussi durement punie, bien des fleurs eussent surgi comme le Narcisse, et surgiraient encore !.... Qu'en pensez-vous. Madame ?...

H. TRAIPONT.

CHAPITRE VII

DANS LES FORÊTS ET DANS LES BOIS

Nous avons longé le frais cours d'eau qui glisse ici près et nous nous sommes assis, là-bas, sous les vieux saules qui, comme Narcisse, se penchent imprudemment au-dessus de l'étang tout pailleté d'étoiles blanches. Voulez-vous, maintenant, que nous nous promenions à l'ombre des grands arbres, voulez-vous me suivre en forêt, entrer sous bois?.... Mille fleurs délicates nous arrêteront en chemin et nous séduiront par leurs formes gracieuses ou leurs couleurs éblouissantes ; sans aller plus loin, considérez les tons d'or qui font scintiller la plaine où nous arrivons; ce sont des Genêts qui poussent drus leurs tiges raides comme des balais entre les grosses roches dont émergent, de-ci de-là, les dos moussus.

Quand on sort de l'éblouissante lumière des champs piquetés de fleurs rutilantes comme des pierreries, rubis et émeraudes, quand on est comme grisé de soleil et qu'on entre dans la forêt, tout devient sombre et mystérieux ; malgré soi on parle plus bas comme si l'on pénétrait dans quelque basilique dont les arbustes seraient les portails et les hauts chênes les colonnes aux chapiteaux feuillus. Les rayons de soleil s'infiltrent à travers les verdoyants rameaux et viennent plaquer sur le terrain violacé des taches roses, jaunes, vertes, comme celles que projettent les vitraux. Les oiseaux bavardent, élèvent la voix, s'efforcent de se faire entendre; les pas qui craquent sur le sol les font taire un instant, mais bientôt ils reprennent à nouveau leurs tirelititi. Des arbres de toutes essences encombrent la forêt,

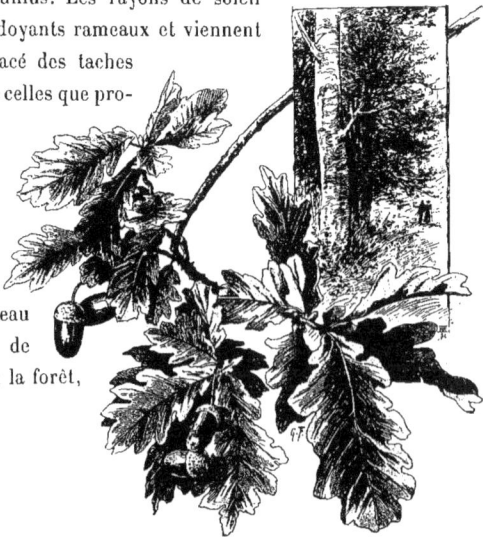

dont l'haleine parfumée nous enveloppe, des buissons fleuris nous en-

chantent la vue, des bruits
de toutes sortes nous char-
ment, bruits insaisissables,
feuille qui tombe, papillon
qui vole, scarabée effrayé
qui se sauve.

Tout autour de nous la
nature étale ses somptueu-
ses richesses : arbres de
toutes essences et plantes
de toutes tailles, feuillages
de toutes formes et
fleurs de toutes
nuances.

L'Aubépine aux ro-
ses fleurs odorantes
branches s'entre
avalanche de blanc
buissons épais, et
les bords, garnis de
pointus. Le
neige et
teindre. Ses

settes blanches mêle
aux fleurs jaunes de l'Épine-Vinette, leurs
lacent, leurs épines s'agrippent, et cette
et de jaune roule jusque sur le Houx, tassé en
qui hérisse ses feuilles coriacées, luisantes, dont
forts piquants, sont de vraies cuirasses aux clous
houx garde son manteau foncé au milieu de la
semble dédaigner les froids qui ne peuvent l'at-
perles de corail rouge se suspendent en groupes de trois
ou quatre, égayant de leur note criarde le feuillage sombre et serré. Comme
certains bûcherons qui vivent toujours dans les bois, l'arbuste est farouche
et son caractère de rigidité lui donne un aspect sévère augmenté encore par
sa tonalité foncée; tout en lui est rude, ses tiges et ses branches partent brusquement d'une seule venue, ses feuilles sont pointues et son nom même est
brutal à prononcer.

Avançons vers ces arbres dont les ombres encadrent la clairière toute
inondée de soleil; là le décor change: l'Origan, la Bruyère, le Serpolet, le
Thym sauvage, mêlent les tons vieux rose de leurs fleurs au feuillage vert

foncé de leurs feuilles...

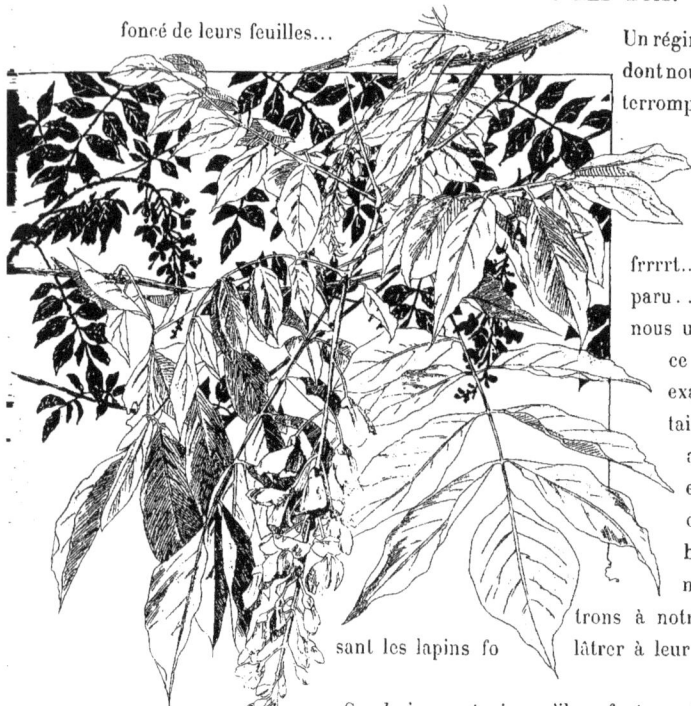

Un régiment de lapins, dont nous venons d'interrompre les ébats, s'enfuit effarouché à notre approche..., frrrrt... tout a disparu... Asseyons-nous un instant sur ce tapis épais, examinons en détail, après les avoir vus en ensemble, les odorants arbustes, puis nous disparaîtrons à notre tour, laissant les lapins fo lâtrer à leur aise.

Ces buissons épais, qu'il ne faut pas frôler de trop près sous peine de piqûres profondes, sont faits de Prunelliers. Les baies violettes qu'ils portent sont protégées par les longues épines dont les branches sont armées, défense bien exagérée car ce fruit est plus joli à voir qu'agréable à manger, il est d'une acidité telle que bien vite vous le rejeteriez, en faisant la grimace, si la fantaisie vous prenait d'en goûter... essayez plutôt!...

Nous voici maintenant sous les grands arbres ; c'est le contraste toujours : l'ombre et la lumière, les tons vifs et les tons éteints, la solidité des arbres qui montent vers le ciel et la gracilité des tiges infinies qui couvrent le sol. Tous les verts chantent leur symphonie, depuis le vert le plus jaune jusqu'au vert le plus bleu. Tantôt les feuilles touffues ne permettent pas à la lumière de violer l'obscurité mystérieuse de la forêt, tantôt fines comme un léger

duvet, elles laissent voir un coin de ciel bleu. C'est une diversité extraordinaire, une profusion de beautés jetées pêle-mêle.

Des racines énormes, contournées, se tordent en soulevant le sol teinté du
velours vert et vieil or des mousses ; on dirait que, prisonnières, elles
cherchent, elles aussi, un peu de la lumière tamisée dont jouissent les
branches qui leur doivent l'existence. Ici de grands Ormes, là des Frênes
majestueux étalent leurs folioles crénelées autour de branches noueuses ;
une boule de gui toute dorée se pelotonne contre une branche rabougrie,
la ronge, en lui enfonçant dans les flancs ses racines parasites pour se
nourrir de sa sève, l'enlace étroitement, l'étouffe pour vivre, et la forcera
à faire germer la graine que contient son fruit visqueux en s'insinuant sous
l'écorce d'où renaîtront de nouvelles pousses qui à leur tour vivront de
sa vie.

Le Gui, depuis quelques années, redevient à la mode. Jadis il eut ses jours
de gloire : les druides, en grande pompe, venaient le recueillir avec la
faucille d'or. Plante sacrée aux temps païens, elle a conservé, pour quelques-uns, un certain mystère : « Avoir du gui chez soi, cela porte bonheur »,
vous diront maintes gens. D'où provenait le respect dont nos pères autrefois
entouraient la plante parasite ? Peut-être était-il dû au dessin qu'on retrouve
en sectionnant la tige et, qu'avec un peu de bon vouloir on peut, en consi-
dérant les rayons et les cercles, se figurer être l'image du soleil !

Après les notes roses des Bruyères, vues tout à l'heure au soleil, voici les
notes timides des Violettes qui se plaisent mieux à l'ombre. Si le narcisse lève
fièrement la tête sur sa tige, étalant avec emphase ses pétales éclatants, la
violette se fait petite, se ramasse, cherchant à dissimuler sous des feuilles
sombres sa corolle uniforme dont un seul point jaune indique le cœur. Le
narcisse, c'est la fatuité ; la violette, c'est la modestie. Le narcisse est seulement beau, la violette est charmante ; l'un répand une odeur pénétrante,
l'autre un parfum discret. Précurseur du printemps, la violette est la première
fleur qui garnit le corsage de la femme, dont elle est aimée.

La violette n'est point la seule à chanter le retour des beaux jours ; à sa
voix douce viennent se joindre celles, bien douces aussi, d'autres fleurs :
le Muguet mêle son haleine parfumée à la sienne et de ses clochettes argen-

tines, drelin, drelin, annonce l'apparition des premiers bourgeons ; concert discret celui-là, mais délicieux à entendre sous
les grands arbres dont les branches vont se vêtir de vert.
Délicat, frêle, le muguet aime à se blottir sous ses larges feuilles
et paraît tout heureux de sa petite taille ; il sait qu'on aura de
la peine à le découvrir et n'ignore pas que, élégant comme il
l'est, on le choisira volontiers de préférence à tant d'autres.
Il aime à se faire chercher, et sans se montrer de suite, il
décèle sa présence en lançant des bouffées de son suave parfum. Son nom latin : *convallaria*, veut dire qu'il croît sur les
pentes des vallées qu'il affectionne et où il se recroqueville à
l'abri de quelque racine. Sous ses longues feuilles roulées en
cornet, il suspend gracieusement à leur hampe ses grelots
qui s'entre-choquent, s'agitent : drelin, drelin... Voici le
printemps !... « Primavera !... » répond la voisine aux
belles feuilles crénelées, étalées en rosettes, poudrées
comme de frimas. Primevère, ce nom sonne comme un
appel joyeux !

La neige tombe, non plus cette neige triste et
froide, mais une neige de pétales blancs et roses que re-
tiennent au passage les amandiers, les pêchers, les pommiers,
neige parfumée qui s'arrête, se fixe à l'aubépine, enveloppe le chèvrefeuille... Primavera ! premier printemps, et la primevère réchauffe gaîment
ses fleurs aux doux rayons du soleil, fleurs odorantes aussi et aussi
en clochettes, mais clochettes couronnées d'or. Charmante plante qu'on a
civilisée, qui vit maintenant dans nos jardins où elle ne demande qu'à être
choyée, où elle est devenue coquette au point de se vêtir de robes de
toutes couleurs, agissant ainsi comme beaucoup de ses sœurs qui, simplement
vêtues lorsqu'elles demeurent sur le sol natal, adoptent, lorsqu'elles se laissent
entraîner dans nos serres ou nos jardins, des toilettes brillantes aux couleurs
éclatantes. Paysannes, la robe de lin leur suffit,... devenues grandes dames,
grâce à quelque beau mariage contracté par-devant quelque savant horticulteur, ce sont les soies, les velours, les brocarts aux tons chatoyants qu'il leur
faut. Seule la violette a voulu garder sa parure simple qu'on a rendue plus chaude

seulement en en doublant les plis, mais qui n'a point, jusqu'ici, consenti à en
changer la couleur uniforme.

Quelque source ou quelque ruisseau doit couler non loin, car voici
la Valériane aux fleurettes roses et la
Pimprenelle aux panaches nacarat. Tout
en les regardant, ne négligeons pas,
si vous le voulez bien, de jeter
un coup d'œil sur les
arbres fort beaux
aussi et très inté-
ressants ;
nous ne nous
sommes point
engagés, je   pense, à ne regarder que
les fleurs!

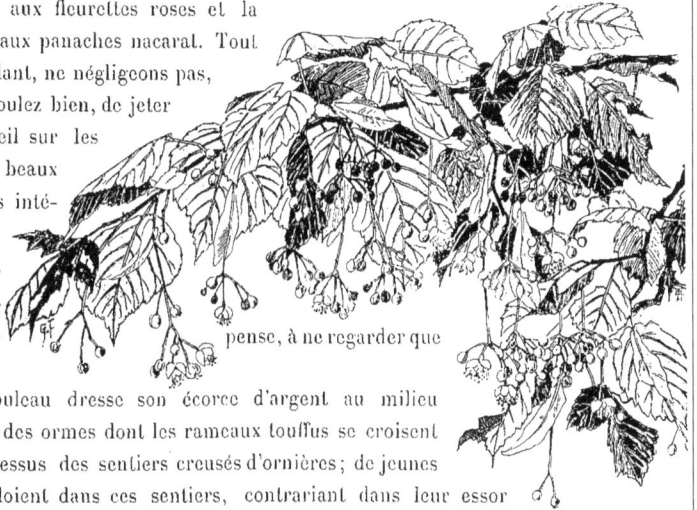

Là un bouleau dresse son écorce d'argent au milieu
des hêtres et des ormes dont les rameaux touffus se croisent
en ogive au-dessus des sentiers creusés d'ornières ; de jeunes
pousses verdoient dans ces sentiers, contrariant dans leur essor
les tiges aux grappes brillantes des Mille-pertuis nombreux qui sont
venus se réfugier ici ; le mille-pertuis, à l'allure décidée, porte haut sa
couronne éclatante de fleurettes d'or pointillées d'émaux noirs. Veuillez
cueillir une des feuilles, regardez-la en transparence, vous verrez qu'elle
est percée d'une myriade de trous ainsi qu'une écumoire
lilliputienne ; un botaniste vous dirait : « Ce sont des glan-
des oléifères ! »..... Je me contente d'appeler cela « des points
translucides », ce qui me paraît déjà un terme passablement
ronflant ; c'est de là que la plante tire son nom de mille-pertuis
(pertuis, ouverture).

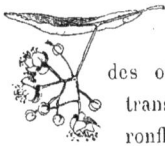

Les Digitales, elles aussi, ont, paraît-il, trouvé le terrain à leur convenance :
leurs étuis carminés bâillent au soleil. Singulier végétal qui se dresse en pyramide tout le long du chemin; pyramide non seulement par ses fleurs, mais

aussi par ses feuilles qui s'élancent de la tige, larges, grandissant au fur et à mesure qu'elles se rapprochent du pied.

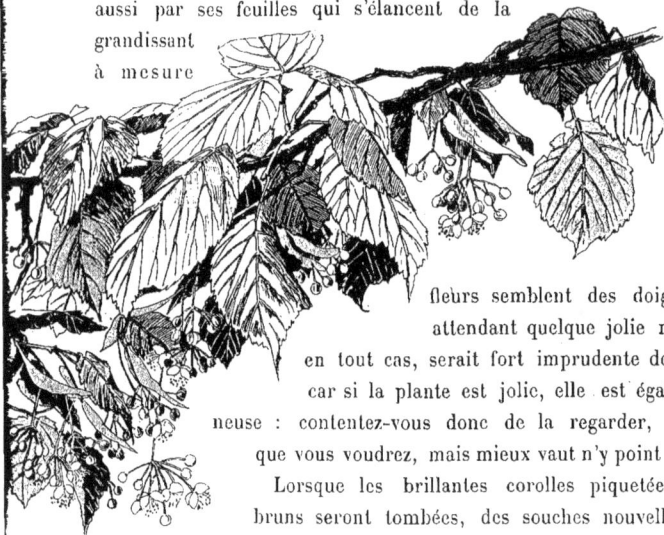

Digitale : *digitus*, doigt ; le fait est que ses fleurs semblent des doigts de gants attendant quelque jolie menotte qui, en tout cas, serait fort imprudente de s'y fourrer, car si la plante est jolie, elle est également vénéneuse : contentez-vous donc de la regarder, d'aussi près que vous voudrez, mais mieux vaut n'y point toucher.

Lorsque les brillantes corolles piquetées d'anneaux bruns seront tombées, des souches nouvelles fleuriront à leur tour, plus vivaces encore, puis disparaîtront également.

Comme le mille-pertuis, la digitale ne déteste point le soleil... moi non plus du reste, mais j'avoue que je le trouve cette fois un peu cuisant et je pense que vous ne serez pas non plus ennemie d'un peu d'ombre.

Ce superbe chêne que voilà, planté comme une gigantesque sentinelle à l'entrée du chemin, nous autorisera, je pense, à nous abriter sous ses rameaux.

Plusieurs fois centenaire, cet arbre vigoureux porte sur son écorce des sillons profonds comme des rides de vieillesse ; il est vert, bien sain quoique âgé et ses feuilles d'un ton accusé, aux contours habilement festonnés, indiquent une vigueur peu commune. Le Chêne est, du reste, l'emblème de la force, et sa feuille a été jugée digne de partager, avec le laurier, l'honneur de couronner les héros.

En bien belle santé aussi, le Hêtre, son contemporain qui monte la garde

10

avec lui. Ensemble ils ont passé leur jeunesse, ensemble ils écoulent leur vieillesse, et lorsque l'un des deux mourra, l'autre ne tardera sans doute pas à le suivre (1). Dans une amicale étreinte ils enlacent leurs branches qui se confondent et où se jouent les écureuils; tous deux sèment sur le sol leurs fruits, faînes triangulaires et

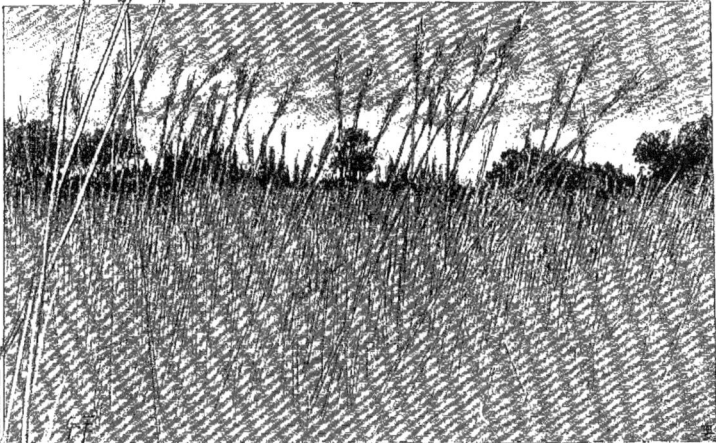

glands arrondis; quels repas pantagruéliques feraient d'aventure en passant par ici, dans l'arrière-saison, quelques-unes de ces aimables bêtes tout de rose habillées, à la queue en vrille, et dont le groin pointu grogne « si joliment » en fouillant le sol pour y chercher la truffe ; *Sic vos non vobis :* « Je déterre la truffe et je mange le gland! »

Où conduit ce sentier ?... Je l'ignore, mais nous pouvons sans crainte nous

---

(1) Il est pour certains arbres, le chêne notamment, des exemples extraordinaires de taille et de longévité. Le cimetière d'Allonville, en Normandie, possède un chêne qui mesure 10 mètres de circonférence. En 1825, un bûcheron des Ardennes abattit un chêne dont l'âge pouvait être évalué à quinze siècles ; son tronc renfermait des débris de vases à sacrifices et des médailles antiques.

G. FRAIPONT.

y aventurer, son air riant nous y engage et vous m'y suivrez d'autant plus
volontiers que les arbrisseaux qui le bordent cachent sous leurs larges feuilles
de jolies pendeloques que vous ne manquerez pas de cueillir et de croquer
ensuite... ces pendeloques sont des noisettes!

L'aspect change à présent, et au lieu des grands arbres, nous voici dans
les taillis.

Les Faux Ébéniers aux minces feuilles aplaties, finement piquées dans
leurs tiges, s'abaissent au bout des branches garnies de grappes de fleurs
d'un jaune éclatant, fleurs papilionacées rappelant par leur forme celles du
haricot et destinées comme elles à se transformer en gousses gonflées de
graines.

Plus loin le Sorbier ploie sous le faix de ses fruits serrés en lourdes
grappes orangées dont les grives sont si friandes.

... Encore de l'épine-vinette et encore de l'aubépine!

L'Épine-Vinette, faisceau de branchettes épanouies comme un vaste
bouquet, faisceau de feuilles finement dentelées le long des tiges piquantes,
porte, attachés comme des joyaux de corail, de petits fruits ovales très
allongés qui s'abritent sous les feuilles pour se garantir du vent tant
leurs pétioles sont fragiles, nerveux et irritables; les fleurs qui donnent
naissance aux fruits de l'épine-vinette se resserrent au moindre attouchement; effleurez de la pointe d'une aiguille le cœur de la fleur et vous verrez
aussitôt les étamines se resserrer vers le pistil, comme en un mouvement de
vif effroi, et se mettre sous sa protection.

Vous sied-il que je vous conduise dans un endroit du bois, où poussent des
végétaux d'une tout autre sorte? mine peu exploitée, en tant qu' « art
décoratif » mais où l'on trouverait certainement mille sujets intéressants si
l'on voulait chercher un peu. Les végétaux auxquels je fais allusion sont les
Champignons, ils pullulent là où je voudrais que vous vinssiez avec moi; il en
est de toutes formes et de toutes couleurs, couleurs souvent fort belles, mais
qui masquent un poison subtil.

Bien des gens du pays, prétendant s'y connaître, y vont faire la cueillette,
ils trient « dans le tas » et prétendent discerner les bons d'avec les mauvais.
Possible, mais pour ma part, je n'ai jamais voulu m'y fier et quand je regarde

les cryptogames superbes, cette réflexion de
M. Prudhomme me revient toujours
en mémoire :

« On m'a souvent
dit que les champignons
les plus dangereux sont ceux qui
en ont le moins l'air. Bien ! mais, à quoi re-
connaît-on ceux qui en ont le moins
l'air » ?....

Beaucoup se ressemblent, à tel point
que, n'étaient certains signes perceptibles seulement pour un œil exercé, on les prendrait volontiers l'un pour l'autre.

Nous allons pouvoir en juger de visu, car c'est
au bout du raidillon que nous grimpons, c'est-à-dire à
quelques pas, que se trouve « *le camp aux champignons* » ;
le fait est que tous ces petits cônes font l'effet de tentes multicolores, dressées par un régiment de bestioles qui s'y
blottissent.

L'endroit a été ainsi baptisé par un médecin des environs,
excellent ami à moi (ce qui est déjà une solide qualité à
mes yeux) et de plus, grand pêcheur, grand chasseur, grand marcheur et...
grand amateur de champignons, aussi grand connaisseur (c'est lui qui
le dit) ; tout me porte à croire qu'il ne se vante point trop car jusqu'ici,
je ne l'ai jamais connu empoisonné, mais au contraire plein de vie et
de bonne humeur ; or, comme il fait une consommation énorme de
champignons qu'il cueille lui-même — il ne mange que ceux-là —
j'en conclus, que ses connaissances sont réelles... Après cela, quand il a
des coliques il ne le dit peut-être pas et se soigne en cachette !

Nous voici arrivés. De mon mieux je vais tâcher de me rappeler les leçons
du docteur ; j'ai souvent « champignonné » avec lui ; il voulait absolument
faire de moi un adepte... il n'y a point réussi ; les douleurs d'entrailles en
perspective m'ont toujours fait reculer et je persiste à ne regarder le champignon qu'au point de vue « décoratif » non au point de vue « culinaire ».

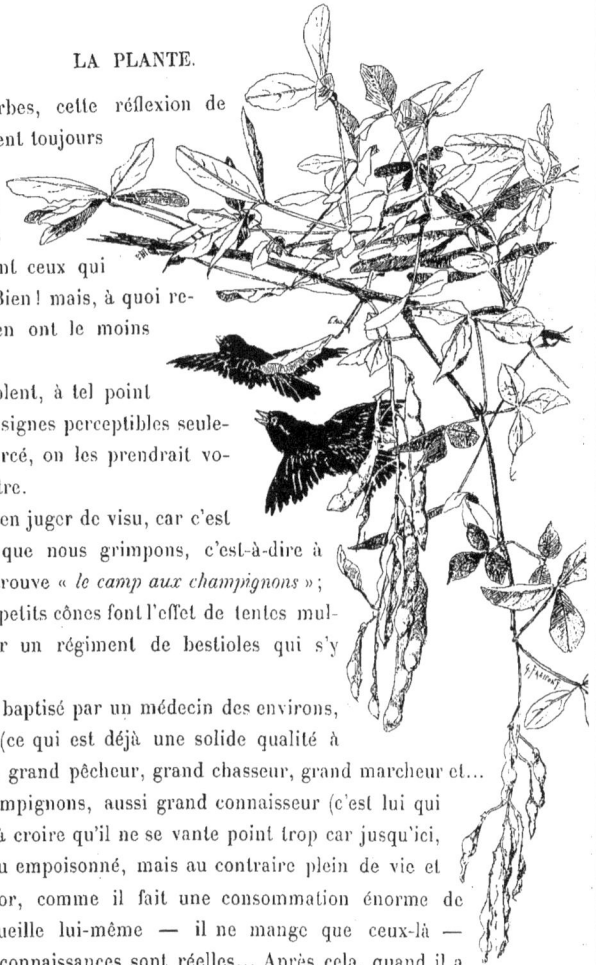

N'importe, la persistance de mon ami est cause que je vais pouvoir par leur nom, vous indiquer certains d'entre eux.

Celui-ci d'un rouge orangé superbe, pailleté de lamelles blanchâtres est une fausse Orange, on le nomme aussi Tue-mouche... il ne va peut-être pas jusqu'à tuer les gens, mais rendrait fort malades ceux qui en mettraient dans quelque sauce. — Cette excroissance jaune s'appelle Girole... cela se mange ; cette sorte de crête rosée, là, à vos pieds se nomme Clavaire.. cela ne se mange pas. Voici enfin un champignon singulier, vrai baromètre hygrométrique (son nom l'indique du reste, il se nomme : ce singulier

geaster hygrometicus); personnage a une double enveloppe; lorsque le temps est sec comme aujourd'hui, cette enveloppe se recourbe et s'évase, lorsqu'il fait humide elle se referme... Fort intelligent, ce champignon qui retire son pardessus quand il fait beau temps et se dépêche de le remettre dès que le temps se gâte ! Ce stipe blanc piqueté de noir, encapuchonné d'une sorte de bonnet vert, est un Satire ou Œuf du diable. Il est affreux et deviendra tout à fait répugnant lorsque la couche verdâtre dont il est coiffé sera mûre et tombera goutte à goutte en un mucilage d'une odeur nauséabonde;... inutile de vous dire que l'œuf du diable ne se mange ni en omelette ni à la coque !

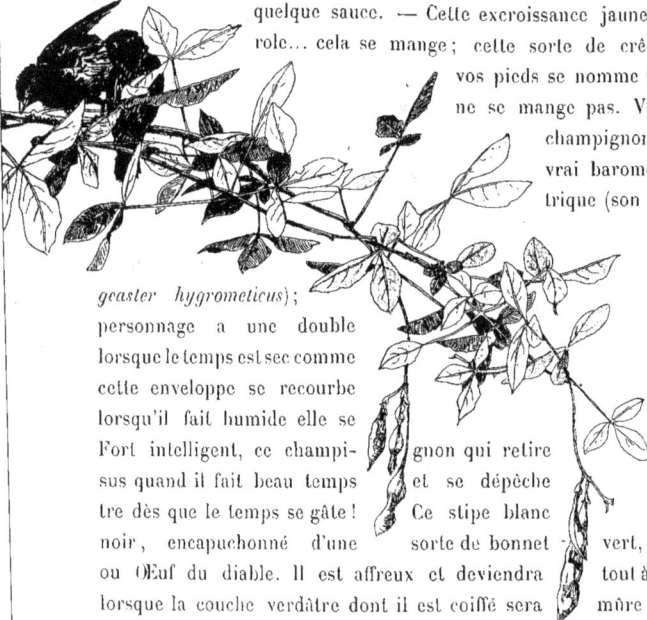

Le docteur me citait, à propos de champignons, un fait assez singulier qui indique combien sont nuisibles certaines espèces. Il en est une sorte, appelé champignon des caves, qui se développe avec une telle rapidité, qu'en peu de temps il réduit à néant poutres et poteaux ; c'est un champignon de cette espèce qui détruisit, au commencement de ce siècle, un vaisseau de 80 canons, le *Foudroyant*.

Jetons un coup d'œil aux lichens et aux mousses; ce sont évidemment des sujets si petits, aux feuilles si réduites qu'elles ne paraissent guère être de celles qui peuvent inspirer un artiste; c'est une erreur, certaines d'entre elles ont des formes merveilleuses; en les agrandissant considérablement, on en ferait des motifs remarquables ; tels seront par exemple, le Corail de montagnes, véritable arbre en miniature, — la Barbe de Capucin aux fruits (assez rares) en forme de disques, aux tiges barbues serpentant en tous sens, — la fausse Cochenille composée de godets enclavés les uns dans les autres et terminés par un petit fruit rosé, — le Lichen d'Islande (qui croît aussi chez nous) et semble un enroulement héraldique de cuirs découpés ; puis bien d'autres encore dont les noms m'échappent ou que je n'ai jamais sus.

Nous prendrons pour rentrer le chemin qui conduit à l'ancienne abbaye (devenue ferme). Je tiens à vous faire admirer là une glycine de toute beauté qui garnit entièrement une des ailes du vieux bâtiment, nouant ses tiges contournées aux contre-forts qu'elle masque de son feuillage, mêlant ses enroulements aux entrelacs sculptés, suspendant ses grappes mauves entre les acanthes de pierre, dont elles ont l'air d'être les fleurs.

Pour arriver à la ferme, il nous suffira de suivre la large sente toute bordée de châtaigniers aux feuilles en fer de lances, dentelées comme des scies et abritant les longues franges ocrées, chatons qui sont des fleurs, et les gaines vertes aux piquants innombrables, véritables petits hérissons, qui contiendront les fruits, ces bonnes châtaignes que l'hiver on aime tant à croquer toutes chaudes, sortant de la poêle, mais que vous, mesdames, préférez certainement enveloppées d'une couche de sucre et transformées en « marrons glacés. »

La route n'est pas bien longue, en tout cas elle est fort belle ; à droite et à gauche de hautes fougères pointent leurs jolies feuilles qui s'agitent en un fouillis de dentelle verte.

Là, un églantier agrippe de ses branches souples l'arbre au pied duquel il a poussé et de ses épines se rive à son écorce.

L'Églantine est sœur de la rose, mais sœur point civilisée. Sauvage, l'églantier

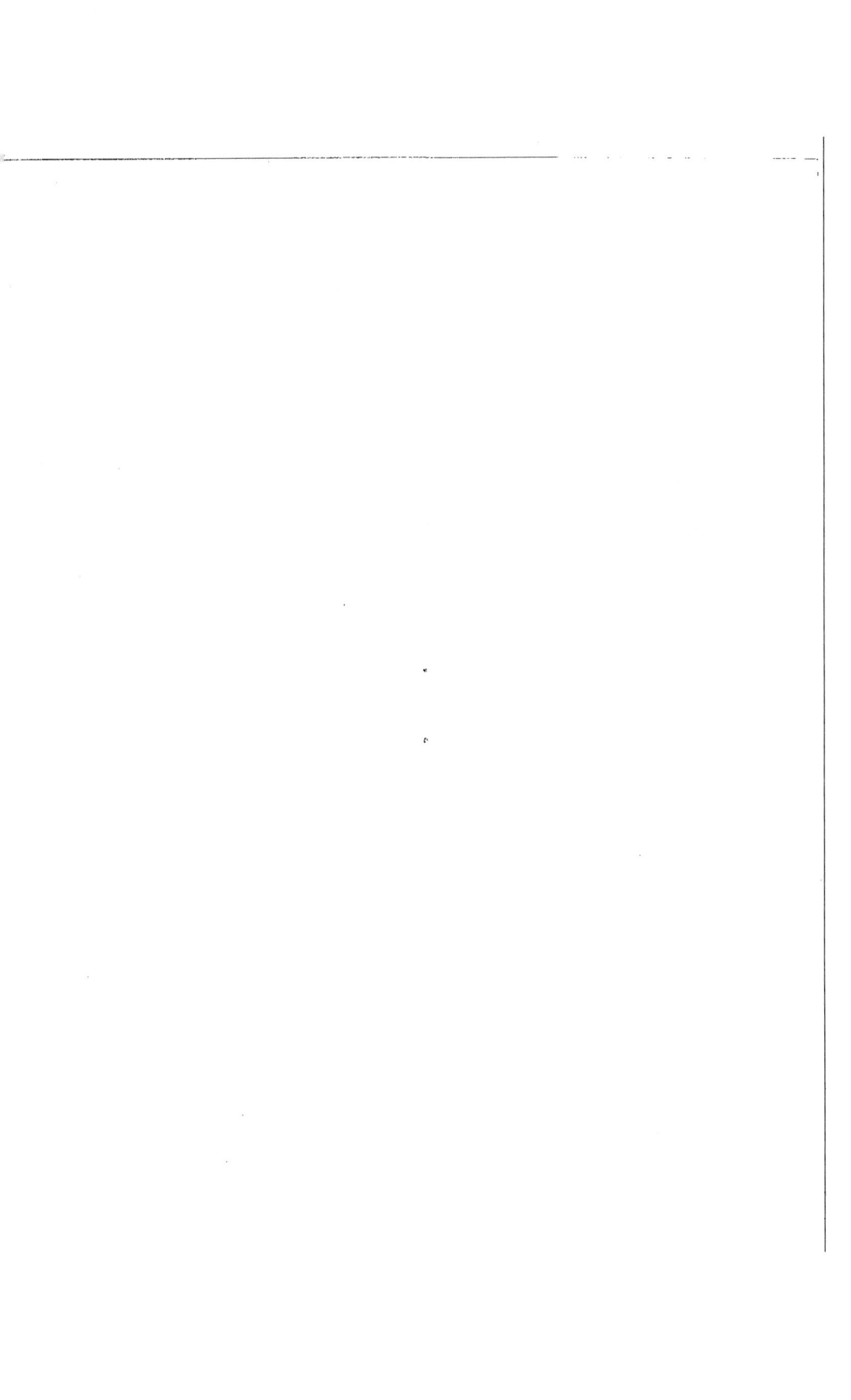

pousse sans soin, comme bon lui semble, étire négligemment ses longues branches sans se soucier du déhanché de sa tenue, étalant ses fragiles fleurs à la corolle rose pour le seul plaisir des papillons et des abeilles qui la viennent visiter.

Ne vous avisez pas de la vouloir cueillir, elle n'est point faite pour vous, si vous tentiez de porter la main sur elle, ses pétales aussitôt s'envoleraient un à un; l'églantine préfère mourir que d'être faite prisonnière. Quant à l'arbuste qui la porte, il vivra ainsi nonchalant, jusqu'au jour où quelque jardinier bien avisé et frappé de sa bonne mine l'emportera pour lui infuser la sève de quelque rose, rose thé, rose rouge ou rose blanche, dont dorénavant elle adoptera les couleurs et la bonne tenue.

Nous voici au bout du sentier, nous sortons du bois; devant nous une nappe rouge s'étend, champ de trèfle rouge aux plumets de grenat; un rideau d'arbres le borde à droite, laissant apercevoir des murs gris, un pignon au toit moussu, c'est l'abbaye.

Si l'aspect change, si après le jour tamisé de la forêt, on est quelque peu ébloui par les vastes plaines ensoleillées, on est aussi quelque peu surpris de la diversité des bruits; pendant plusieurs heures, les oiseaux seuls se sont fait entendre, mêlant leurs chants au chuchotement des feuilles; maintenant nous percevons les exclamations du laboureur dont la silhouette se détache là-bas, derrière celle de sa charrue attelée de bœufs qu'il excite de la voix; puis ce sont les plaintifs bêlements des brebis, les aigres cocoricos des coqs dont les échos nous arrivent mêlés à ceux plus éteints du caquetage des poules.

Les bruits deviennent plus distincts au fur et à mesure qu'on se rap-

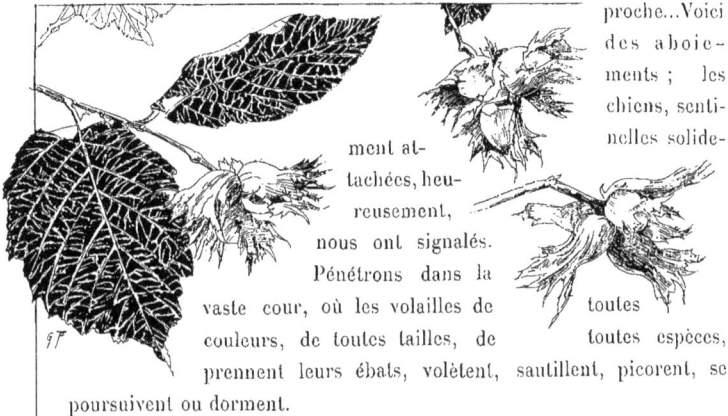

proche...Voici des aboie- ments ; les chiens, senti- nelles solide- ment at- tachées, heu- reusement, nous ont signalés. Pénétrons dans la vaste cour, où les volailles de toutes couleurs, de toutes tailles, de toutes espèces, prennent leurs ébats, volètent, sautillent, picorent, se poursuivent ou dorment.

Au milieu un énorme Tilleul répand sa saine odeur, ses petites fleurs aux pistils jaunes, les unes épanouies, d'autres encore en bouton, se ba- lancent au bout de leurs tiges graciles singulièrement attachées au centre d'une sorte de ligament d'un ton jaunâtre et de formes si différentes des feuilles que porte l'arbre, qu'elles ont l'air d'appartenir à un autre.

Et maintenant, admirons la fameuse Glycine annon- cée. Elle a mis quatre-vingts ans pour égayer de ses grappes d'améthystes et garnir de ses feuilles mordorées la vieille muraille grise aux sculptures ruinées et pour rem- placer par ses volutes verdoyantes les volutes de pierre que le temps a désagrégées. Ses premiers rameaux sortirent de terre le jour qui vit venir au monde un bambin joufflu, jadis blondin tout rose, aujourd'hui vieillard au dos courbé. Ensemble ils ont grandi : elle, heureuse et sans souci, toujours certaine de rece- voir quelque rayon de soleil pour la réchauffer, quelque goutte de rosée pour la rafraîchir, est plus belle, plus vivace que ja- mais; lui, forcé aux rudes tra- vaux de la terre, est maintenant cassé, décrépit... Pauvre vieux, il est assis au seuil de sa porte, les fleurs aux pen- dentifs azurés viennent caresser son front et

se jouer dans ses
longs cheveux
blancs...

Le bonhomme tout heureux   de l'admiration
que nous témoignons à sa vieille   amie, atteint de
ses doigts tremblants quelques-unes des touffes   mauves et nous
les offre en souriant... Pauvre grand'père, ces fleurs sont peut-être les
dernières que tu cueilleras !...

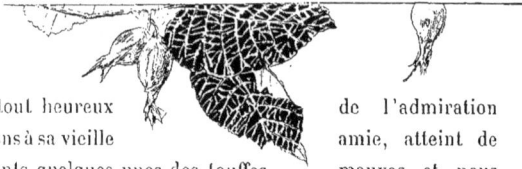

Peu de plantes sont aussi décoratives que la glycine ; les feuilles,
les fleurs, rivalisent de grâce ; partant en tout sens, les tiges s'enroulent capricieusement les unes autour des autres comme des câbles,
se tortillent comme de vrais serpents, profitant de toutes les
aspérités, s'accrochant ici pour aller en une courbe
gracieuse se suspendre là ; les feuilles, d'un beau vert
lorsqu'elles ont atteint le maximum de leur taille,
sont d'un ton cuivré dans leur jeunesse, argentées
en naissant. Les fleurs, d'un lilas tendre, se ba   lancent
partout en répandant une odeur délicieuse ;   elles savent si bien qu'on les aime que non seulement   elles paraissent
au printemps, mais reviennent encore en été, quelquefois en automne, prou-
vant ainsi leur prodigieuse vitalité.

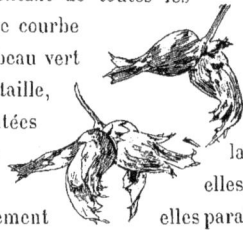

Notre glycine est tout à fait à l'ombre maintenant, le soleil descend derrière
les antiques murailles, le   vieux fermier est rentré, redoutant la fraîcheur du   crépuscule ; les volailles ont
rejoint leur poulailler...   il est temps de rejoindre à notre
tour notre gîte où nous   n'arriverons guère qu'à la nuit
tombante. Les fleurs rouges,   bleues, roses, commencent à re-
fermer leurs corolles et leurs tons brillants s'atténuent dans la brume, on les
distingue à peine.

Nous longeons un champ de blé qui surplombe le talus bordant le chemin ;
les longs épis aux pointes acérées se découpent en foncé sur la bande orangée
du ciel qu'ils strient de lignes croisées en tous sens ; au fond les silhouettes
des arbres se détachent vigoureuses.

11

Là-bas de hauts peupliers dépassent de leurs cimes tous les arbres voisins et semblent des phares, non allumés encore, qui nous indiquent notre chemin : ces peupliers c'est « chez nous ».

CHAPITRE VIII

DE L'ALLÉGORIE

Ensemble nous venons de faire quelques promenades au milieu des fleurs ou sous les grands arbres; nous avons vu maintes sortes des unes et des autres, toutes variant leurs formes et leurs couleurs... et nous sommes loin de compte, pourtant, nous n'avons certainement pas vu la dixième partie des plantes originaires de nos pays ou qu'on y a acclimatées; notez que je ne fais même pas allusion aux fleurs de serre, aux végétaux rares qui nécessitent des soins tout particuliers, un « élevage » tout spécial, mais seulement aux plantes que nous voyons dans nos jardins ou que nous effeuillons dans nos promenades.

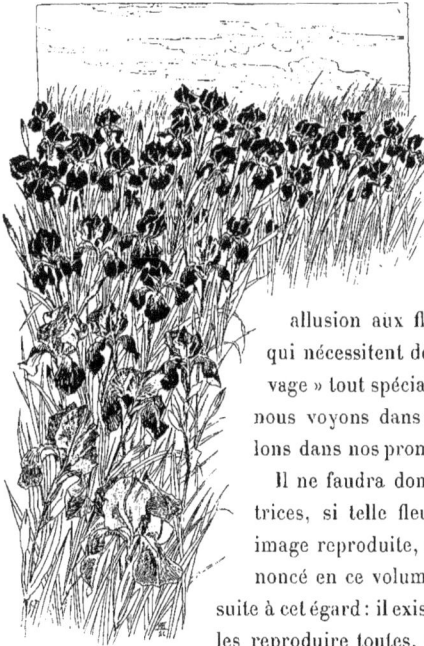

Il ne faudra donc pas vous étonner, aimables lectrices, si telle fleur connue de vous n'a point son image reproduite, si son nom n'est même pas prononcé en ce volume; je tiens à m'expliquer tout de suite à cet égard : il existe des milliers de plantes diverses, les reproduire toutes, citer les noms de chacune d'elles eût nécessité un ouvrage d'une envergure que celui-ci ne possède pas. Ainsi que je vous l'ai dit au début, ceci n'est point un traité de Botanique, mais un

« bouquin » dont le but est seulement de vous signaler au hasard, et sans aucun ordre de classement, des plantes que j'ai eu souvent occasion d'admirer.

Nous avons dit, quelques lignes plus haut, que maints sujets peuvent renfermer une idée, une allégorie.

Il est plusieurs façons de comprendre les allégories. Certaines sont purement conventionnelles, sont adoptées ou admises en souvenir de quelque légende ou inspirées par la nature, le caractère même de la plante; ces allégories existent non seulement dans le règne végétal mais encore dans le règne animal (je ne cite pas l'allégorie par la figure). Si vous voulez représenter la force, la vigueur, vous choisirez évidemment le Chêne parmi les arbres, le Lion parmi les animaux.

Certains auteurs, La Fontaine notamment, ont usé d'allégories pour appuyer quelque idée philosophique. Vous pourrez faire comme La Fontaine et si dans ses fables il a fait parler les animaux surtout, vous pourrez dans vos pages décoratives, faire parler surtout les plantes.

Des allégories « conventionnelles » il n'en manque pas : le Lierre indique un attachement sincère, sa devise est : « Je meurs où je m'attache ». Le Lis blanc implique une idée de pureté, la Violette est l'emblème de la modestie et le Narcisse celui de la fatuité. La Pensée, le Myosotis sont des fleurs de souvenir. Le Laurier, c'est la gloire, la Palme, c'est le martyre. La Rose porte en elle une idée de beauté, de majesté, etc... Il en est bien d'autres qu'il serait fastidieux d'énumérer ici.

Certaines contrées ont leur fleur : la Lorraine a le chardon, l'Espagne l'œillet rouge, etc.

A côté de ces allégories admises et comprises par tous, il en est que vous pouvez fort bien créer vous-même à la condition, toutefois, de les traiter de façon à les rendre transparentes; il ne suffit pas de se comprendre soi-même, mais encore de se faire comprendre par d'autres, ce qui n'est pas toujours facile. Lorsque l'idée qu'on veut traduire est intime, si l'on veut rappeler un fait, faire renaître un souvenir, il sera aisé de trouver son sujet; on n'a affaire, le cas échéant, qu'à des initiés qui comprendront à demi-mot, mais, lorsqu'on fait une page qui doit être saisie de tous, la besogne est moins commode. S'il s'agit d'encadrements, frontispices, que sais-je, accompagnés d'un texte, celui-ci expliquera ceux-là et une simple fleur suffira parfois, même si son nom n'est pas prononcé dans le texte ; vous me direz à cela que la fleur n'est alors qu'une ornementation et que peu importe sa nature ; c'est une erreur, et il faut toujours, lorsqu'on fait œuvre de ce genre, rester dans le sujet. Je sais bien que vous avez pu voir souvent des pages encadrées de dessins qui n'avaient aucun rapport avec la « littérature » qu'ils accompagnaient ; cela prouve tout bonnement que l'artiste n'avait pas su ou voulu comprendre ou bien encore que le dessin n'avait pas été fait pour le texte.

M'est avis qu'il faut toujours que l'auteur et l'artiste marchent de pair et qu'il y ait corrélation entre l'idée émise par l'un et le sujet composé par l'autre.

Il serait illogique par exemple — et pourtant j'ai bien des fois vu l'équiva- lent de ce que je vais

dire — d'encadrer ou d'accompagner une pièce de vers où le poète parlerait
du printemps, du renouveau (cela leur arrive souvent, aux
poètes), par une branche de houx, voire de chrysanthèmes !
Vous aurez beau me dire que le houx prête à un dessin superbe
et que le chrysanthème est des plus décoratifs, je vous répondrai
que le houx comporte une idée hivernale et que le chrysanthème resplendit en automne; réservez donc l'un pour une
pièce de vers où l'auteur parlera du... *blanc manteau dont le sol
s'est vêtu*... et le chrysanthème pour une pièce où ce blanc manteau sera... *un manteau d'or et de topazes*... et faites-moi l'amitié
d'employer pour les vers printaniers une fleur printanière et
pour l'hiver une fleur hivernale... celle que vous voudrez, il
y en a tant !

La besogne est beaucoup simplifiée quand il ne s'agit que
d'accompagner un texte, il suffit d'un peu de réflexion et de
recherches succinctes pour choisir la fleur qu'on disposera
en conséquence.

Quand on voudra composer de toutes pièces un dessin pour
traduire une idée, il faudra réfléchir un peu plus et la fleur alors
devra évidemment être accompagnée d'éléments autres qui la
feront comprendre; souvent peu de chose suffit, mais encore
faut-il le trouver, ce peu de chose.

Gardons les exemples pris plus haut pour représenter les
saisons, mais, cette fois supprimons le texte et mettons que
vous vouliez, en une page décorative faire naître une idée de
printemps ou d'hiver.

En prenant le lilas, l'aubépine, la fleur du pêcher, vous
commencerez déjà à vous approcher du but, mais vous ne
l'aurez pas plus atteint que si pour l'hiver vous aviez lancé

seulement la branche du houx dont nous parlions tantôt. Chacune des
plantes choisies éveille évidemment une idée de saison, mais peut aussi
fort bien n'éveiller que l'idée d'une
fleur, sans que celui qui la considère y trouve une allusion.
L'image est formée mais elle
est incomplète et il faut la
compléter. Agencez donc devant, derrière, à côté de
votre branche, suivant votre
fantaisie et suivant la composition que vous avez trouvée, des éléments « complémentaires ».

A dessein, et pour nous
faire bien comprendre, nous
donnons des exemples « banaux » mille fois employés...
A ce mot « banaux » je vous
vois faire la grimace!... Faire
du banal vous déplaît?..à moi
aussi, mais quand on veut se
faire comprendre *de tous*,
on ne doit pas trop vouloir
mettre de l'érudition (car
tout le monde n'est pas éru-
dit) ni chercher des idées
trop « fines » (car tout le
monde n'est pas spirituel);
il faut côtoyer un peu la ba-
nalité qu'on rachètera (nous
l'avons dit bien des fois), par la nouveauté de l'arrangement, et l'inattendu
de la composition. Vous vous rattraperez et vous pourrez vous en donner
à cœur joie, lorsque vos dessins seront destinés à un groupe de personnes dont

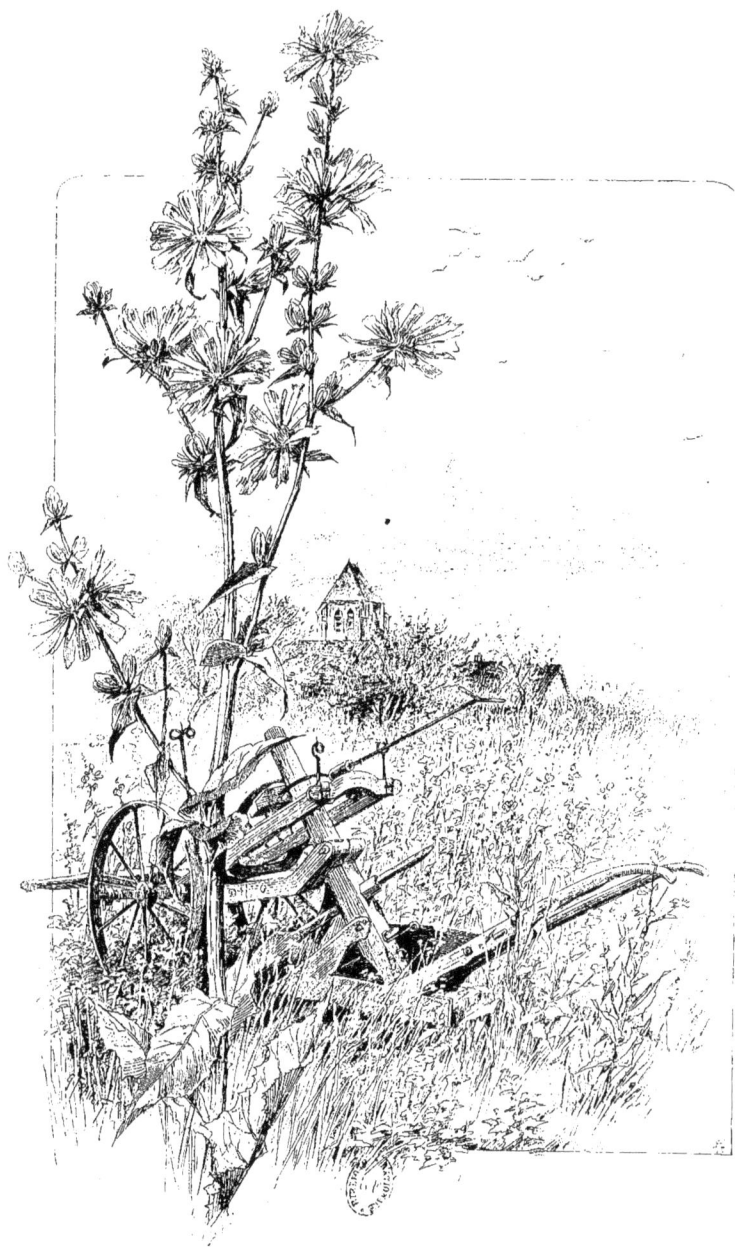

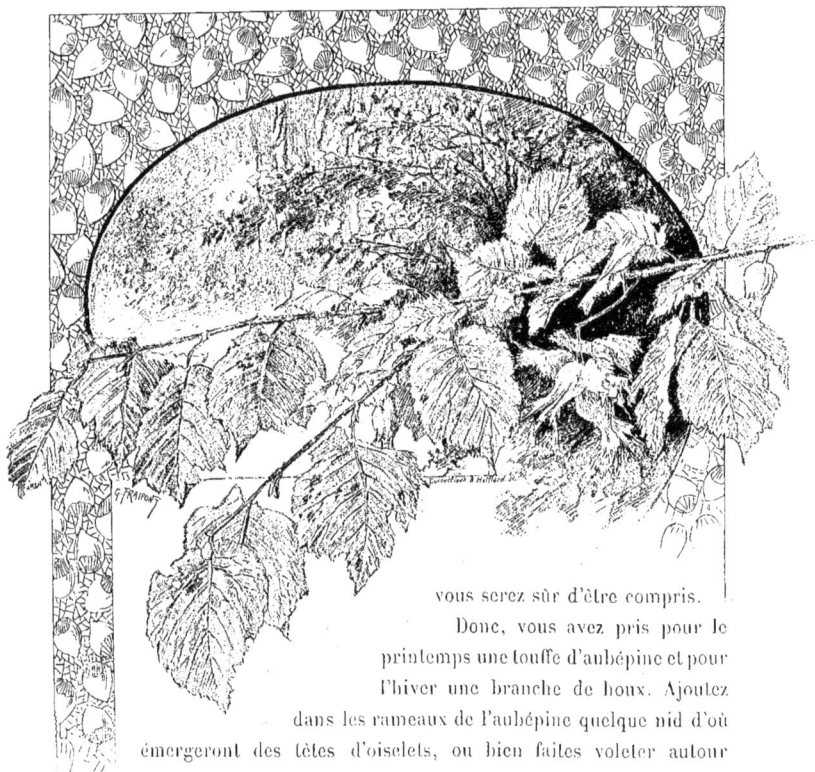

vous serez sûr d'être compris.

Donc, vous avez pris pour le printemps une touffe d'aubépine et pour l'hiver une branche de houx. Ajoutez dans les rameaux de l'aubépine quelque nid d'où émergeront des têtes d'oiselets, ou bien faites voleter autour quelques hirondelles; derrière le houx laissez planer quelque oiseau d'hiver, grand-duc ou corbeau; comme fond à l'aubépine, indiquez un terrain gazonneux planté de quelques arbres aux branches piquetées de jeunes feuilles, c'est le printemps; que votre houx se détache en vigueur sur une plaine neigeuse où pointeront quelques troncs aux branches dénudées (le blanc manteau de tout à l'heure), ce sera l'hiver.

Nous donnons ces deux exemples pour faire bien comprendre notre idée, non comme modèles à suivre.

Nous parlons en ce volume de « la plante » et de ses applications, et nous

nous adressons sur-
tout à ceux qui la veulent prendre comme
sujets prépondérants. Ce sera donc elle qui
tiendra la place principale dans toute composition, c'est sur elle que devra se concentrer
l'attention ; tout ce qu'on ajoutera ne sera
qu'accessoire. On agira ainsi à l'inverse de
ceux qui, traitant un sujet autre, des figures
par exemple, donnent à celles-ci la place
d'honneur et n'ajoutent de la fleur que comme
agrémentation. Les deux peuvent faire également bien et si vous êtes, non seulement
« fleuriste » mais encore « figuriste », vous
pourrez, suivant vos caprices, donner la
priorité ou à la fleur ou à la figure.

Il peut arriver qu'on ait à agencer une
ornementation de fleurs ou de feuillages
autour d'un   portrait ; on devra, en ce cas, réfléchir avant
de choisir la fleur ; si vous alliez au hasard, vous pourriez parfois
faire au destinataire tout le contraire d'un plaisir, surtout si celui-ci
a l'épiderme un peu chatouilleux.

Il faut bien se dire que s'il est des gens rétifs à comprendre une allégorie, il en est d'autres enclins à
en mettre partout ; si vous encadrez le *facies* d'un monsieur grincheux dans

une touffe de chardons, par exemple, cette plante aura beau être éminemment décorative, être
exécutée de main de
maître, le monsieur
grincheux pourra fort
bien supposer qu'il y a
là de votre part une
allusion « délicate » à
son caractère pointu et
prendra votre cadeau
pour une épigramme...
Nous croyons déjà avoir
dit l'équivalent de ce
qui précède, dans un
autre volume, mais ceci
a une très grande im-
portance et nous ne
saurions assez vous pré-
munir contre de sem-
blables « erreurs » qui
pourraient se produire,
si l'on n'y faisait attention, non seulement
pour l'encadrement d'un
portrait (ce qu'on n'a pas
l'occasion de faire tous
les jours), mais pour
toutes autres choses. J'y
ai été pris une fois, — oh
bien involontairement,
— et j'en ai été fort
marri. Voici comme :

Un bon ami à moi offrait un dîner « à tralala »; il m'avait prié de lui dessiner
les menus qui devaient être offerts à chaque convive dont il me remettait les

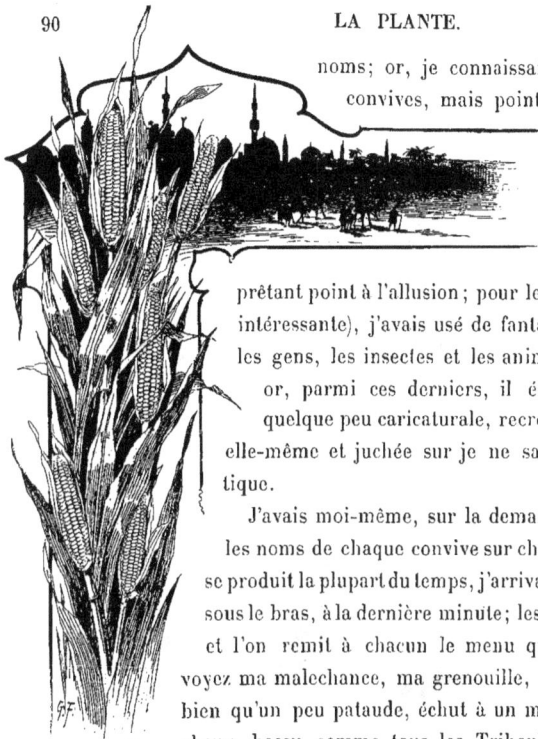

noms; or, je connaissais quelques-uns de ces convives, mais point tous. Pour les dames j'avais, naturelle-ment, eu recours à la fleur, et j'avais eu soin de ne choisir que des fleurs ne prêtant point à l'allusion; pour les hommes (sorte moins intéressante), j'avais usé de fantaisies quelconques dont les gens, les insectes et les animaux faisaient les frais; or, parmi ces derniers, il était certaine grenouille quelque peu caricaturale, recroquevillée, ramassée sur elle-même et juchée sur je ne sais quel feuillage aqua-tique.

J'avais moi-même, sur la demande de mon ami, agencé les noms de chaque convive sur chaque menu. Comme cela se produit la plupart du temps, j'arrivai, mes « chefs-d'œuvre » sous le bras, à la dernière minute; les places étaient désignées et l'on remit à chacun le menu qui lui était dévolu. Or, voyez ma malechance, ma grenouille, pauvre bête inoffensive, bien qu'un peu pataude, échut à un monsieur du genre grin-cheux, bossu comme tous les Triboulets de la création... et pêcheur émérite par dessus le marché. Or cet animal (je parle du Monsieur) prit ma grenouille pour un crapaud et crut que j'avais voulu faire là une « blague » qui, en tout cas, eût été d'un goût douteux, et il me dit d'un petit air pincé, fort désagréable : « Merci de votre dessin, il est tout à fait charmant... Vous avez é-nor-mé-ment d'esprit, monsieur!... » Puis il rentra son menton dans son faux col en bougonnant je ne sais quelles aménités à mon égard... Je lui eusse volontiers envoyé la salière à la tête !...

Or donc, pour vous éviter des aventures (de ce genre plutôt désagréable), veillez au choix de vos sujets.

Nous avons dit que certaines plantes éveillent des idées gaies ou tristes, plus ou moins violentes, suivant qu'on est plus ou moins nerveux. Influences

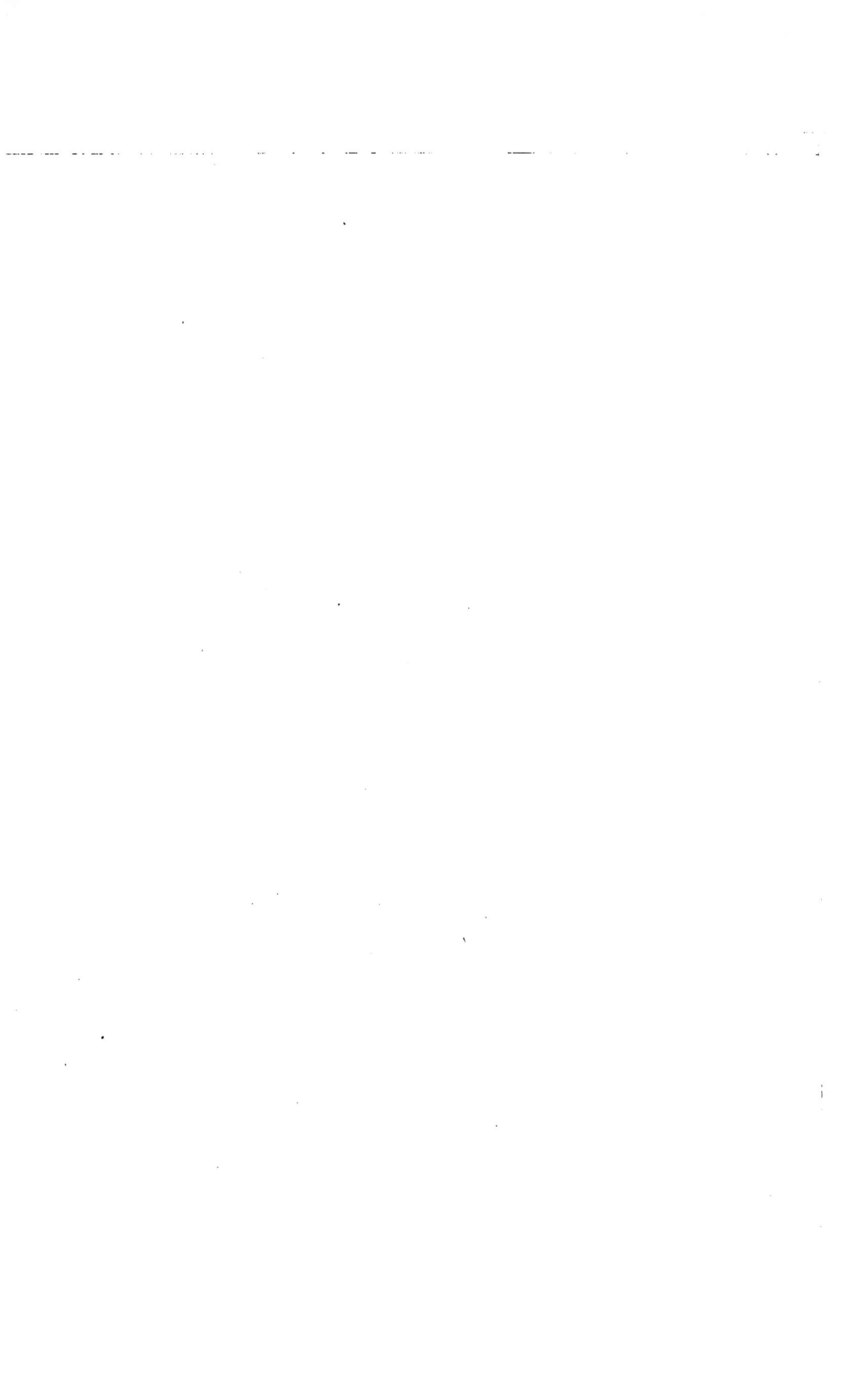

équivalentes souvent à celles de la température, par exemple ; il est évident
que, chez un nerveux (chez un « neurasthénique », pour employer le mot à
la mode) un temps gris, pluvieux produit un effet de tris   tesse ac-
centuée ; vienne un rayon de soleil... crac, la gaieté   revient ;
pour mon compte le grand vent me rend enragé.   Non seulement les couleurs d'une
plante ont
une influence
très grande,
mais encore
son allure ;

peut-être n'es -
ce qu'à cause   de l'idée,
convention   nelle sou-
vent, qui s'y rattache, mais enfin cela est.
Un beau pavot à la tête frisée, toute
rose, gaillardement dressée sur sa
tige aux feuilles glauques, me met
le cœur en joie ; la pensée, qu'elle soit jaune ou violette,
m'attriste ; l'héliotrope, malgré son odeur exquise, me
laisse aussi morose qu'il a l'air de l'être lui-même. Cela
peut-être fera sourire quelques-unes de mes aimables lectrices, hausser les épaules à
quelque lecteur au cœur cuirassé contre
ce genre de faiblesse... que voulez-vous,
c'est comme cela !

Outre ces sensations involontaires, il est des images autres, je dirai presque
des « à-côtés », qu'éveille la plante chez ceux qui sont habitués à la regarder
comme inspiratrice de quelque œuvre d'art, à-côtés qui peuvent donner nais-

sance à des pages amu
santes, parfois même humoris-
tiques. Dans cet ordre d'idées
je rangerai, par exemple,
celles qui consistent à
penser aux gentils pe-
tits cochons (j'ai un
faible pour cet ani-
mal), lorsqu'on voit
quelque gland suspendu
à la branche d'un chêne ou
quelque truffe dans son assiette.

La truffe me fait aussi penser à la
dinde, comme l'oie me fait penser aux
châtaignes. Or, châtaigne, oie : sujet à
traiter.

Quand j'aperçois un beau chardon, il me semble toujours
que je vois, par derrière, surgir un bel âne.

Le pavot m'égaie, je l'ai dit, et pourtant il fait dormir... il est l'emblème du sommeil, voire de la nuit ; je vois donc le pavot ou la
belle-de-nuit se découpant sur un clair de lune !

Les petits pois me font penser aux pigeons, en
compagnie desquels « on les mange » et les fèves
aussi parce que « ils en mangent ». Un beau chou évoque
chez l'un l'idée du lapin, chez l'autre celle de la perdrix...
affaire de goût. Que sais-je encore ! Il est ainsi des foules
de corrélations entre les plantes et les bêtes (corrélations dont les bêtes ne sont point toujours ravies),
entre les plantes et les gens, entre les plantes et les
pays.

Cela peut paraître singulier, cette façon d'envisager la
plante, et même un peu outré !... Point du tout ; nous
sommes ici en pleine fantaisie, nous cherchons nos motifs
comme nous l'entendons. C'est plus ou moins spirituel,
soit ! mais ça peut l'être beaucoup si l'on sait s'y prendre !

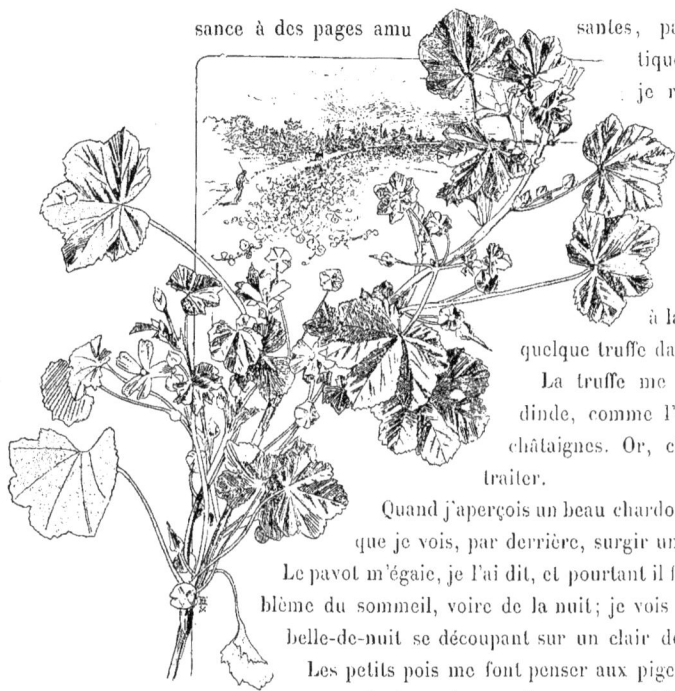

On pourra rechercher, dans les mœurs et coutumes d'un
autre âge, dans l'histoire ou la mythologie, des conceptions
d'un ordre plus élevé. Nous citerons, comme exemples pris
au hasard : le gui qui amène tout naturellement à la pensée les coutumes druidiques; le chêne et le laurier,
dont Rome couronnait ses héros; le chardon et la
rose qui ont leur place dans les armes d'Angleterre;
la fleur de lis qui brille dans le blason et sur la couronne
des rois de France. Dans la mythologie : le pavot, fleur
de Morphée; la vigne dont Bacchus est le dieu comme
Cérès est la déesse des blés et Pomone celle des fruits.

Il nous reste à dire quelques mots au sujet de l'emploi
des plantes, dans la science héraldique. Comme les insectes, les
animaux, etc., elles prennent en blason des formes
conventionnelles et des désignations spéciales suivant la façon dont
elles se comportent dans un écu.

Un arbre, par exemple, est appelé *accoté* quand les branches
sont coupées, *effeuillé* lorsqu'il n'a pas de feuilles, *arraché* lorsqu'on en découvre les racines.

La fleur de lis est dite au *pied pourri* quand on n'en voit
que la partie supérieure, *épanouie* lorsqu'elle est ouverte
et ornementée. Les noisettes prennent le nom de *co-
querelles* et le prunier sauvage celui de *criquier*. Bornons
ici nos exemples; ceux que la science héraldique inté-
resse, trouveront dans des livres spéciaux les rensei-
gnements qui leur seront utiles.

Si nous en avons parlé, c'est « pour mémoire ». Notre
intention dans ce livre, pour le blason comme pour le
reste, a été non de faire *voir*, mais seulement *entrevoir* les
ressources qu'on y peut puiser; les quelques exemples allé-
goriques que nous avons donnés ne devront servir qu'à
en faire trouver d'autres, à donner l'envie d'en créer de
personnels.

CHAPITRE IX
QUELQUES MOTS AU SUJET DE LA COMPOSITION

Nous ne développerons pas ici nos idées sur les compositions auxquelles les plantes *prises au naturel* peuvent donner prétexte. D'abord, parce que ces compositions sont purement fantaisistes, la plupart du temps, et qu'ensuite ce que nous avons dit dans les chapitres qui précèdent aidera suffisamment à montrer le parti qu'on en peut tirer et les fautes à éviter.

Il ne faudrait pas toutefois, interpréter trop largement le mot « fantaisie » et laisser, sous prétexte de fantaisie, vagabonder la folle du logis. Il faut toujours rester logique envers soi-même... et envers la plante; conserver à celle-ci le caractère qui lui est propre et ne pas lui donner une allure qu'elle ne prend jamais ou la planter dans un terrain où elle ne pourrait pousser à l'aise. Poser horizontalement la rose trémière dont l'habitude est de porter la tête haute ou planter sur un sol sablonneux et aride le nénuphar qui ne vit que dans l'eau, ce serait faire deux « anachronismes », d'autant plus impardonnables qu'ils eussent été faciles à éviter. Lorsqu'on cherche une composition on doit, non seulement se préoccuper des silhouettes, des formes, de l'effet, mais encore raisonner ce que l'on fait. Si votre sujet est placé en pays de montagnes, choisissez la fleur qui pousse sur les hauteurs : anémones, arnica, etc. Si vous êtes au bord de la mer, prenez le varech, le chardon ou l'iris des sables, que sais-je !... Ces exemples suffisent, n'est-il pas vrai, pour me faire comprendre.

Nous nous sommes longuement étendu sur la composition dans un volume qui a précédé celui-ci (1), recommencer serait abusif, d'autant mieux qu'il nous a fallu tomber malgré nous, dans le courant de ces feuillets, dans des redites indispensables qu'on voudra bien excuser.

Nous avons énuméré, dans cette première partie, tout ce que nous avons cru nécessaire à connaître sur la *Plante naturelle;* nous allons essayer, dans la seconde partie, de donner des indications, aussi claires et aussi brèves que possible, sur la plante prise au point de vue purement *décoratif* et *ornemental.*

(1) *L'Art de peindre l'éventail, l'écran, le paravent.*

DEUXIÈME PARTIE

LA FLEUR
DANS LA DÉCORATION

CHAPITRE X

LA FLORE DANS L'ART A DIVERSES ÉPOQUES

L'Art décoratif est un art universel, il embrasse toutes les branches : l'architecture, la sculpture, la peinture. Resté longtemps au berceau, il ne fait vraiment les premiers pas qu'en Égypte. Les plantes autochtones inspirent les artistes des contrées brûlantes, ils n'en font pas une copie fidèle, une imitation qui ne peut être qu'impuissante, mais reproduisent leurs formes en les interprétant dans une langue symbolique. La compréhension d'une œuvre en fait le style, la personnalité ; c'est ce que les Égyptiens ont si bien exprimé dans leur architecture et dans leur décoration. Ils ont pris dans la nature ses éléments complexes et les ont simplifiés, transformés.

Les troncs d'arbres ont dû primitivement servir à soutenir les constructions élevées par l'homme, les Égyptiens ont l'idée de les remplacer par des colonnes plus solides. La base du tronc est plus large que le sommet, il est naturel que la

colonne diminue en s'élevant. Les chapiteaux ont pris eux aussi leur forme dans la nature : Le chapiteau lotiforme a pris naissance dans la fleur de lotus dont on reconnaît facilement les contours ; le chapiteau campaniforme, qui simule une cloche renversée, dérive de la fleur du papyrus. Les cannelures qu'on rencontre dans certaines colonnes égyptiennes rappellent facilement les fibres élastiques des troncs d'arbres ; en haut du fût, des rainures horizontales sont creusées, l'idée en a été trouvée dans le fort ligament des tiges qui a donné l'astragale. On voit donc la liaison étroite, le rapport continuel entre l'art et la nature. Dans les tombeaux souterrains on trouve encore des piliers à faisceaux faits de fortes tiges pressées les unes contre les autres par des cordons qui les enlacent.

Tout ce que l'artiste imite, il le transfigure, il le raisonne et en soumet les formes naturelles aux lois de la symétrie, les oblige à se plier aux exigences de sa pensée ; il choisit les plantes les plus ornementales, les utilise ; aussi voit-on dans les décorations égyptiennes la représentation du lotus, du palmier, qui poussent dans ces pays.

En Égypte également on trouve la première idée de la palmette empruntée à la gousse du caroubier. Les Grecs la développent, ajoutent à la décoration d'autres plantes : le laurier, l'olivier, la feuille d'acanthe, en font des ornements dont le caractère est bien déterminé.

La volute est une interprétation de l'écorce roulée du bouleau ; les rinceaux représentent les courbes gracieuses de certaines tiges. La feuille d'acanthe

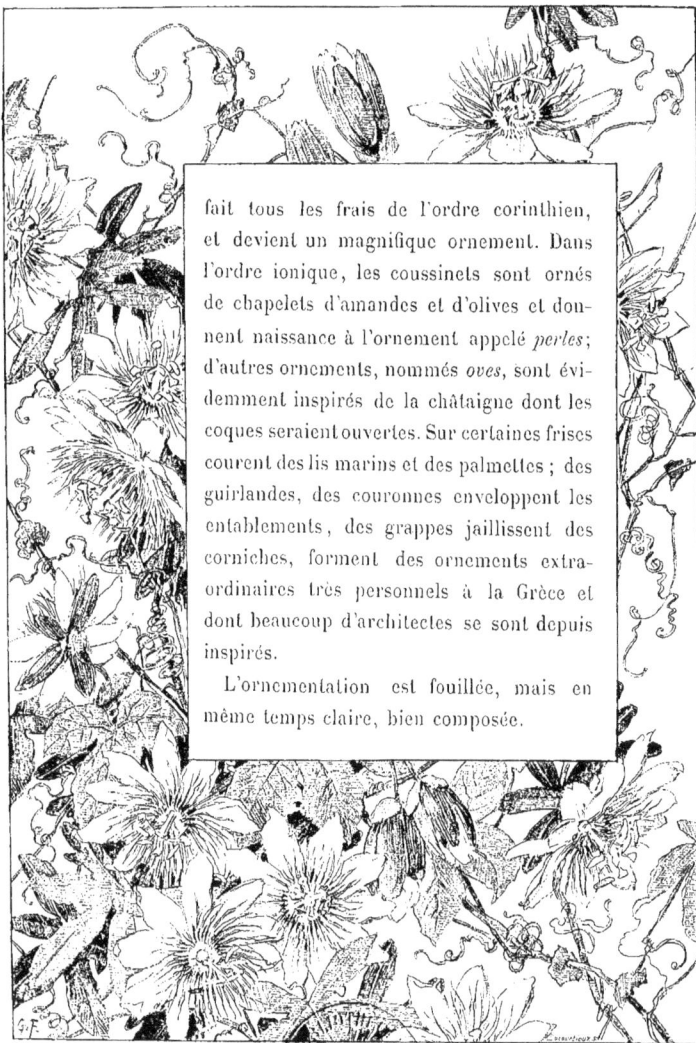

fait tous les frais de l'ordre corinthien, et devient un magnifique ornement. Dans l'ordre ionique, les coussinets sont ornés de chapelets d'amandes et d'olives et donnent naissance à l'ornement appelé *perles*; d'autres ornements, nommés *oves*, sont évidemment inspirés de la châtaigne dont les coques seraient ouvertes. Sur certaines frises courent des lis marins et des palmettes ; des guirlandes, des couronnes enveloppent les entablements, des grappes jaillissent des corniches, forment des ornements extraordinaires très personnels à la Grèce et dont beaucoup d'architectes se sont depuis inspirés.

L'ornementation est fouillée, mais en même temps claire, bien composée.

Dans le gréco-romain, des palmettes sont composées avec l'aloès, le convolvulus, le lierre, le laurier et la vigne.

Dans l'art étrusque, les poteries sont abondamment couvertes de décorations. La flore prête
ses richesses aux artistes qui l'utilisent largement dans l'orfèvrerie.

Rome, qui avait été conquérante,
fut conquise par l'art des Grecs qu'elle
avait soumis à sa loi. L'art
romain n'est qu'une imitation
de l'art grec, mais avec plus
de lourdeur, quel-
quefois plus de ma-
jesté. Les fleurs s'enguir-
landent dans les frises, les
cannelures sont fouillées
avec excès, l'ornementation
se perd dans le détail.

Les Orientaux tiennent ma-
gnifiquement leur place dans
l'art décoratif; ils ont une originalité particulière. Les Chinois en sont
les premiers initiateurs. Ils varient
leurs sujets qu'ils empruntent à la
nature, les composent souvent au
moyen de la répétition des motifs
qui se succèdent sans cesse, ils en forment
des jeux de fond ; tout est prétexte à décoration, souvent
même il y a excès : la trop grande préoccupation de tout ornementer, tout
traduire, supprime quelquefois l'effet, qualité si importante en art, et rend
le dessin confus ou monotone. Les Chinois ont copié la nature, sans beaucoup l'interpréter ; avec leur caractère patient et leur sincérité ils ont été
seulement imitateurs fidèles; éducateurs des Japonais ceux-ci ont bientôt
dépassé leurs maîtres avec une habileté consommée.

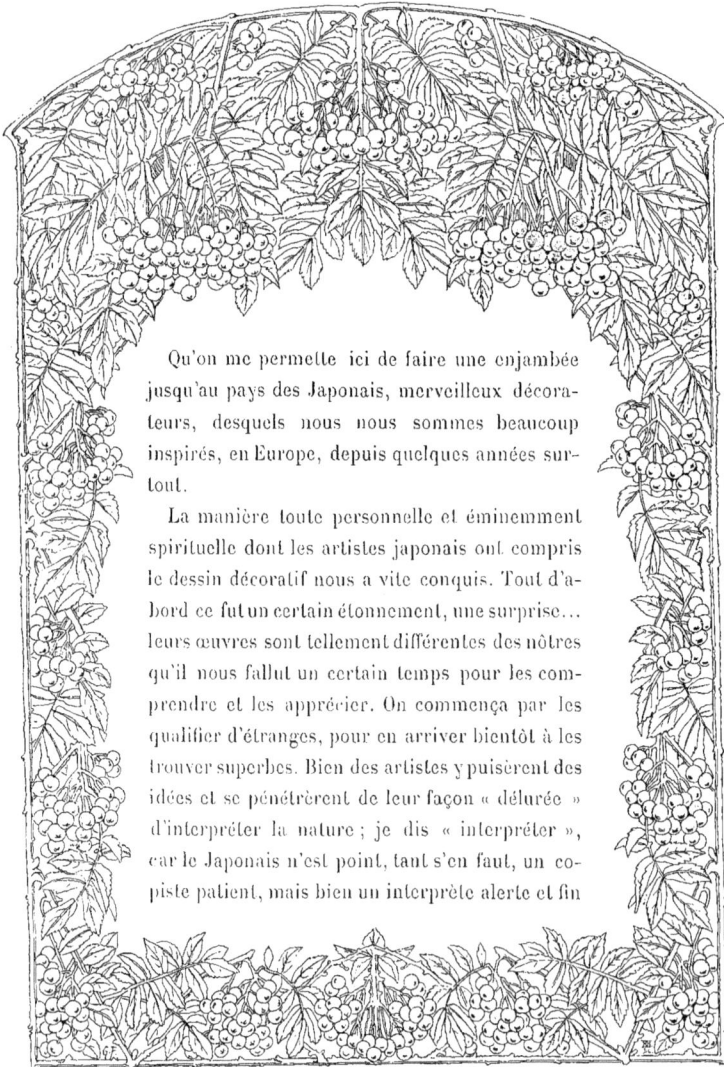

Qu'on me permette ici de faire une enjambée
jusqu'au pays des Japonais, merveilleux décora-
teurs, desquels nous nous sommes beaucoup
inspirés, en Europe, depuis quelques années surtout.

La manière toute personnelle et éminemment
spirituelle dont les artistes japonais ont compris
le dessin décoratif nous a vite conquis. Tout d'a-
bord ce fut un certain étonnement, une surprise...
leurs œuvres sont tellement différentes des nôtres
qu'il nous fallut un certain temps pour les comprendre et les apprécier. On commença par les
qualifier d'étranges, pour en arriver bientôt à les
trouver superbes. Bien des artistes y puisèrent des
idées et se pénétrèrent de leur façon « délurée »
d'interpréter la nature ; je dis « interpréter »,
car le Japonais n'est point, tant s'en faut, un co-
piste patient, mais bien un interprète alerte et fin

qui saisit plus le *caractère* des choses que les choses elles-mêmes, et en ceci il est dans le vrai. Un portrait absolument ressemblant, mais dénué de toute expression, vous semblerait-il suffisant? Ne lui préféreriez-vous point cent fois cet autre portrait, peut-être moins ressemblant en tant que formes, mais frappant d'expression? L'un est l'œuvre d'un artiste qui n'a su y appliquer que son talent de dessinateur, l'autre, celle d'un artiste doublé d'un observateur. Le premier portrait est une belle image, le second donne l'impression de la vie. Or c'est la vie que cherche surtout à évoquer le Japonais; lorsqu'il peint une fleur, un insecte, un oiseau, il sait communiquer à l'un et à l'autre l'allure, le mouvement qui leur sont propres; il dessine ce qu'il voit en quelques coups de crayon, il néglige les détails inutiles ou se contente de les noter sommairement pour appliquer toute son attention, tout son talent à rendre « l'impression » de ce qu'il a sous les yeux. Le Japonais est donc un impressionniste?... parfaitement, mais un impressionniste sincère, et de plus, spirituel, toujours élégant, souvent humoriste, en tout cas jamais banal.

Il faut une sorte « d'initiation » pour comprendre les dessins des Japonais, car ils ont une façon à eux, conventionnelle parfois, d'indiquer certaines choses, mais conventionnelle seulement comme procédé d'exécution.

Si le Japonais excelle dans les pages fantaisistes dont vous trouverez mille échantillons dans de charmants albums, il est également remarquable dans certaines œuvres purement ornementales : frises, bordures,

LE GIVRE

IMP H. ENGELMANN, PARIS

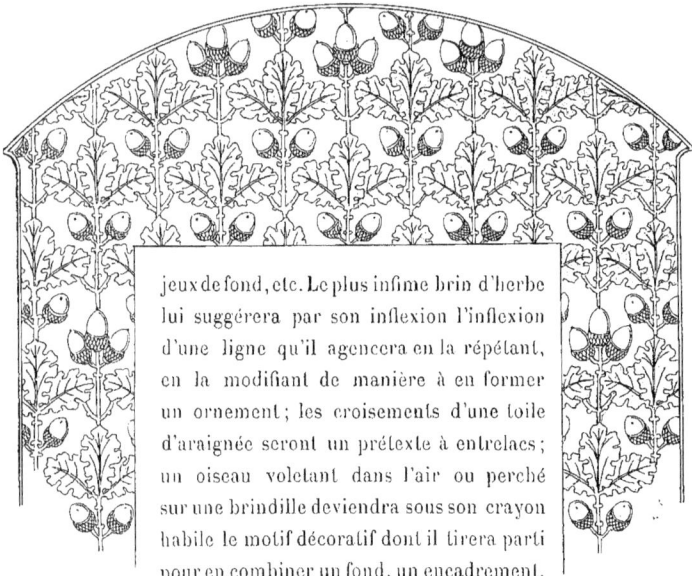

jeux de fond, etc. Le plus infime brin d'herbe lui suggérera par son inflexion l'inflexion d'une ligne qu'il agencera en la répétant, en la modifiant de manière à en former un ornement ; les croisements d'une toile d'araignée seront un prétexte à entrelacs ; un oiseau voletant dans l'air ou perché sur une brindille deviendra sous son crayon habile le motif décoratif dont il tirera parti pour en combiner un fond, un encadrement.

Si le Japonais possède au plus haut point le « sens décoratif », s'il a la notion du *dessin*, il possède également le sentiment du *coloris* ; il a un instinct surprenant des ressources que les couleurs lui offrent et il le prouve surabondamment dans ses pages originales souvent, harmonieuses toujours...

Il nous faut maintenant refaire un vigoureux bond en arrière.

Après la domination romaine et l'invasion des barbares, un peuple nouveau, le peuple celte, s'élève au milieu des ruines ; encore enfant, rendu sauvage par les pillages et les meurtres, il recueille les débris épars de l'art décoratif, s'instruit de la nature et se développe. L'art des Celtes, premiers habitants de la Gaule, n'est pas un art proprement dit ; il rappelle les mosaïques latines, faites d'entrelacs, de nœuds ingénieusement enroulés, de liens tressés avec patience qui forment de curieux motifs. Sur certaines pierres druidiques on trouve aussi des dessins bizarres, en relief ou en creux, composés d'éléments géométriques simples, disposés au hasard.

Les orne-
ments gaulois
ont déjà une te-
nue, une forme
plus raisonnée,
qui dénote une
assez grande élé-
vation d'idées.
La fleur est in-
terprétée d'une
façon simple et
gracieuse. Les feuilles avec leurs dentelures, sont
régulièrement disposées. Sur les tiges, des glands sont
attachés autour d'un rameau. On retrouve dans ces dessins
au trait une observation très sincère des formes et déjà
une préoccupation ornementale.

Le style byzantin ouvre les portes du moyen âge.
Chaque peuple subit dans ses manifestations artistiques l'influence de son pays,
il est dominé aussi par la nature du pays
où les artistes exercent leur talent.
Les Byzantins, fort instruits, exploi-
tent les carrières de marbres rares,
emploient les matériaux précieux,
aussi couvrent-ils le sol de mosaïques
remarquables par la richesse de leurs dessins, ils élèvent des églises et des constructions de tout genre où la flore est
exploitée d'une façon symbolique; des fleurs allé-
goriques sur fond d'or accompagnent les images de saints et les ornements
liturgiques.

Les chapiteaux sont remarquables par leur ornementation d'entrelacs et
de feuillages peu saillants et enroulés avec goût. Des fleurs palmées jaillis-

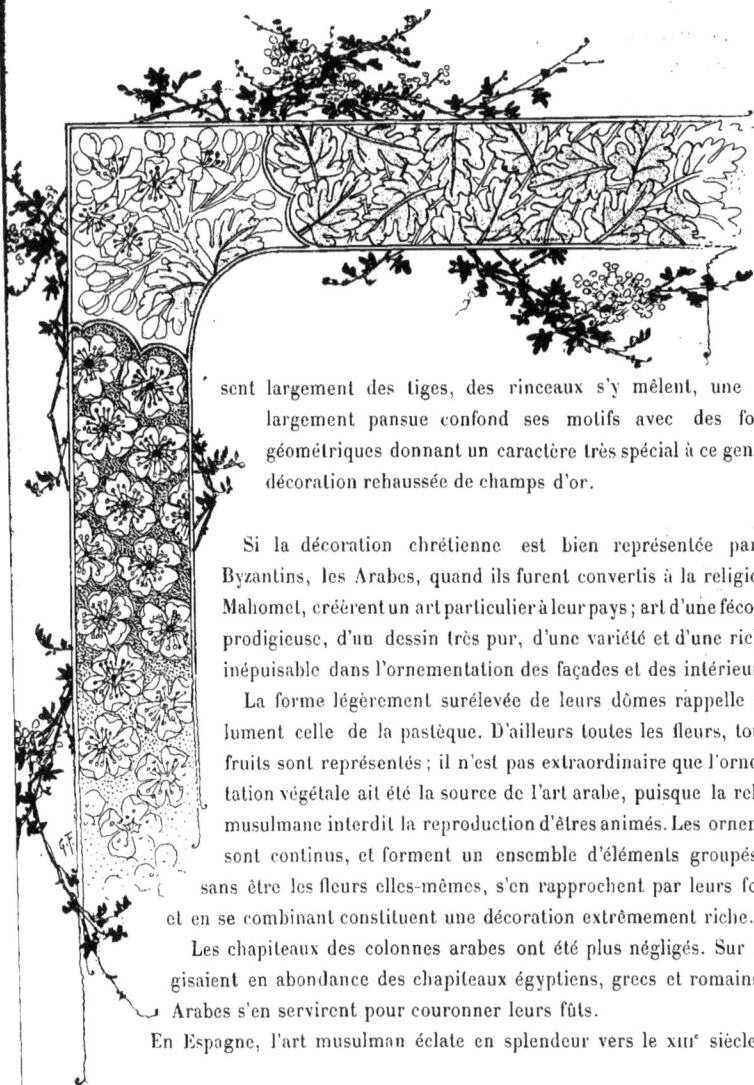

sent largement des tiges, des rinceaux s'y mêlent, une flore largement pansue confond ses motifs avec des formes géométriques donnant un caractère très spécial à ce genre de décoration rehaussée de champs d'or.

Si la décoration chrétienne est bien représentée par les Byzantins, les Arabes, quand ils furent convertis à la religion de Mahomet, créèrent un art particulier à leur pays ; art d'une fécondité prodigieuse, d'un dessin très pur, d'une variété et d'une richesse inépuisable dans l'ornementation des façades et des intérieurs.

La forme légèrement surélevée de leurs dômes rappelle absolument celle de la pastèque. D'ailleurs toutes les fleurs, tous les fruits sont représentés ; il n'est pas extraordinaire que l'ornementation végétale ait été la source de l'art arabe, puisque la religion musulmane interdit la reproduction d'êtres animés. Les ornements sont continus, et forment un ensemble d'éléments groupés qui, sans être les fleurs elles-mêmes, s'en rapprochent par leurs formes et en se combinant constituent une décoration extrêmement riche.

Les chapiteaux des colonnes arabes ont été plus négligés. Sur le sol gisaient en abondance des chapiteaux égyptiens, grecs et romains ; les Arabes s'en servirent pour couronner leurs fûts.

En Espagne, l'art musulman éclate en splendeur vers le xiiie siècle. Des

colonnes sveltes, annelées, supportent des chapiteaux d'une configuration
variée, couverts d'entrelacs, de feuillages de lotus. Les frises se surchargent
d'ornements, de festons aux couleurs harmonieuses et brillantes ; les voûtes
lancent des pendentifs élégants et variés ; tout s'enrichit, c'est un décor
magnifique, luxueux. Les moulures ciselées sont des guirlandes de fleurs
sous les coupoles qui affectent la forme des pommes de pin ; le pavé des
palais est dallé de marbres, les murs sont recouverts de faïence et les mosaïques, décorées de rinceaux et d'enroulements, revêtent tout à fait le caractère du style byzantin.

La Perse, elle aussi, donne une grande part à l'art décoratif. A une époque
antérieure à l'invasion arabe, on trouve dans certains palais des ornements divers : imbrications, treillis, méandres, bâtons rompus, feuilles de
lotus, qui tous accusent l'influence byzantine. Mais les fleurs s'étalent plus
tard très largement dans la décoration persane, car les Persans en sont fana-
tiques, ils idolâtrent les productions de la nature, les soignent et les vénèrent
à tel point que la floraison des tulipes est pour eux une occasion de
réjouissances : tout est en fête pour marquer leur venue.

C'est surtout dans les étoffes que l'art persan se déploie avec toute sa
splendeur. Des tiges enroulées supportent de grosses fleurs radiées qui
forment motifs, des feuilles équilibrent le fond et la couleur répandue avec
violence s'harmonise bien avec les dessins qu'elle accompagne et complète
avec succès.

Les œillets, les noisettes, les grenades, le chèvrefeuille, les marguerites et
les pavots y sont semés à profusion.

Ces différentes interprétations de la flore, en Orient comme en Occident,
devaient avoir en France une influence artistique très grande. Avec le moyen
âge, naquit une école nouvelle destinée à se développer, se transformer
même, subir différentes phases et créer différents styles.

L'art décoratif n'éclôt vraiment en France qu'au xie siècle. Jusque-là,
il n'avait guère été qu'une imitation romaine. Après les frayeurs de
l'an mil, l'art prend un essor prodigieux. Des monuments remarquables
s'élèvent. L'ornementation se dépouille des habitudes de l'antiquité et l'in-

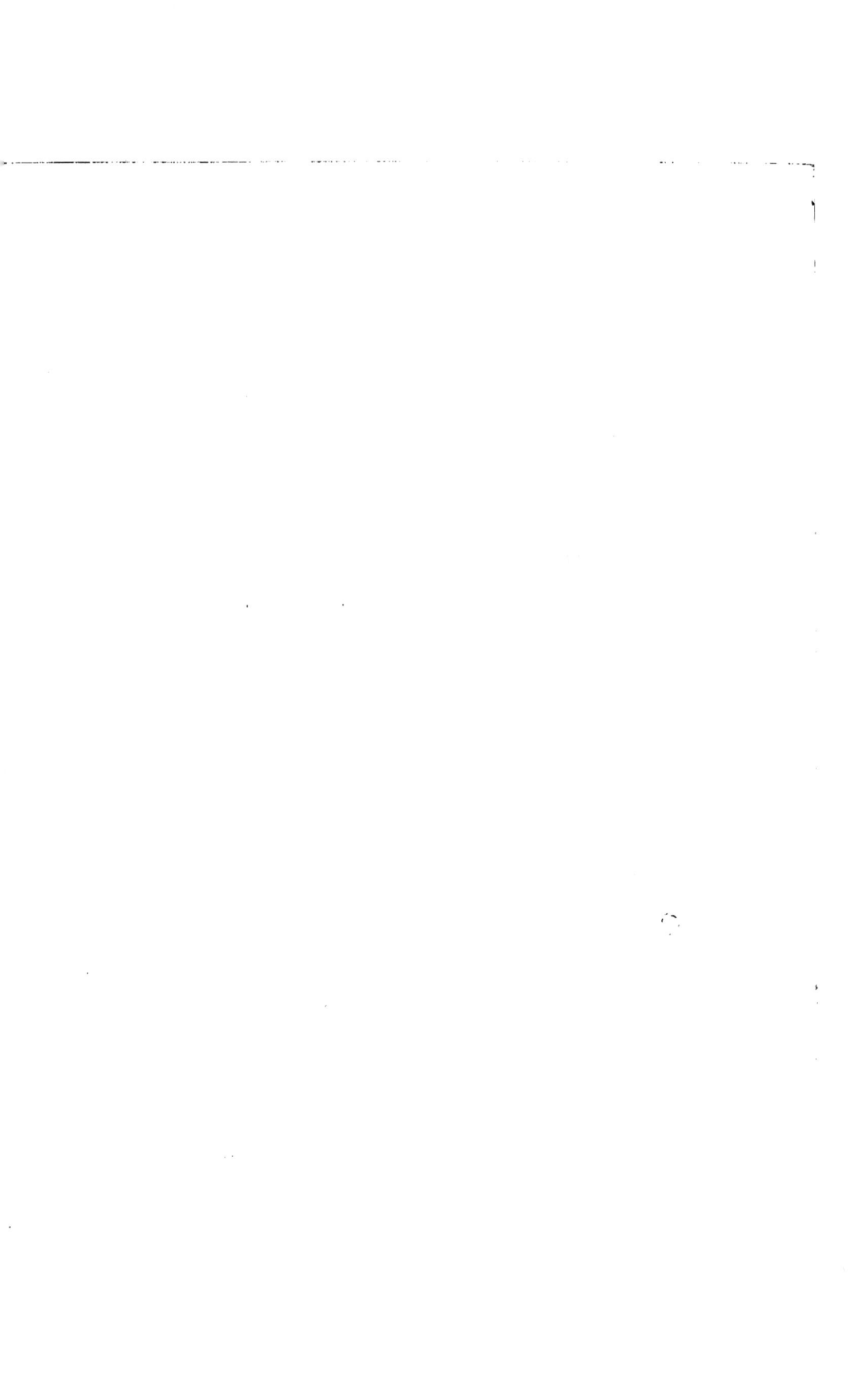

fluence arabe se fait sentir. Des fleurs fantastiques accompagnent les griffons et les sphinx, des plantes exotiques se glissent sur les colonnes et se mêlent aux entrelacs et aux palmettes. Au xII° siècle, le dessin prend une finesse et une perfection merveilleuses ; les bases des colonnes sont rehaussées de rinceaux, d'oves et de perles, les chapiteaux s'ornementent de feuillages, de torsades, de feuilles d'eau et de fleurons ; les corniches sont garnies d'olivier ou d'acanthe.

Au milieu de ces débris des styles passés, un art vraiment national va naître au xIII° siècle sous le nom de style ogival.

Les artistes de cette époque s'éloignent des traditions antiques, des styles romain et byzantin et ne puisent leur ornementation que dans la nature dont ils se rapprochent le plus possible. Ils créent l'ogive et la forme de leurs arcs quintilobés ou trilobés semble dériver de certaines formes de feuilles.

Des chapiteaux saillissent des moulures vigoureuses, de larges enroulements se mêlent aux plantes de toutes sortes ; la flore indigène, plus imitée que copiée, est prétexte à ornementation ; les feuilles s'enroulent, se tordent, une végétation luxuriante semble sortir de tous les orifices de la pierre, la couvrent, l'envahissent ; c'est un épanouissement extraordinaire inspiré par la nature, une richesse inouïe de dentelles et de draperies de pierre ; des crochets empruntés aux bourgeons d'arbres, agrippent les rampants des pignons ; les trèfles, les rosaces, les quatre-feuilles deviennent des éléments décoratifs.

Au xIV° siècle la décoration devient plus riche encore qu'au siècle précédent et se rapproche de plus en plus de la nature.

Les profils s'évident et perdent un peu de leur fermeté. Les chapiteaux tendent à disparaître et ne sont plus à la naissance des arcs qu'une guirlande de feuillages tourmentés ; c'est un inextricable fouillis.

Les balustrades sont ajourées, ces jours, obtenus au moyen de coupes en biseau divisées par un filet, ont la forme de feuilles à trois, quatre lobes ovaliformes ou quelque peu lancéolés. Il y a, répandue dans la décoration architecturale et sculpturale, une imagination inépuisable, une verve extraordinaire dans les moindres motifs.

Au xV° siècle le style ogival devient flamboyant ; la flore n'est plus copiée,

14

elle est exagérée dans ses contours et dans ses modelés. Tout est riche de
détails, surchargé même de dentelles et de feuillages. Les arcades sont
festonnées, les moulures prismatiques ont leurs lignes ondulées ou brisées.

Tout devient motif à ornementation : les
choux bouclés et contournés, les feuilles aiguës
et déchiquetées du char-
don, les rinceaux tortillés
de la vigne. Des guir-
landes enrubannées sont exécutées avec un art et une
habileté incroyables.

En sculpture les ornements très saillants sont taillés
avec une grande hardiesse ; des plantes frisées et des bouquets couronnent le point le plus élevé des ogives.

La place nous manque pour décrire les merveilles de divers genres que les artistes créèrent à cette époque ; cependant nous ne pouvons négliger de dire quelques mots des
vitraux.

Dans toute décoration qui touchait au culte, les artistes
du Moyen Age ont été incomparables, et dans l'art du vitrail
ils furent encore les maîtres. A partir du XIIe siècle, ils
connurent admirablement leur métier. Les *Relations* du moine
Théophile sur la fabrication des vitraux nous le prouvent
assez. Ce moine savant donne les moyens de faire la grisaille,
le modelé, le trait répété des verres, indique les procédés de
cuisson et les différentes colorations qu'on peut obtenir.

Les maîtres verriers de cette époque avaient observé l'effet
des tons translucides, la valeur d'un ton à côté d'un autre, les modifications des
couleurs en transparence, leur rayonnement ; aussi faisaient-ils leurs vitraux
avec une scrupuleuse attention. La mise en plomb était très rigoureuse, ils com-
prenaient son importance, aussi le dessin en était-il consciencieusement traité.
Connaissant les grands principes de lumière, d'optique et de perspective, ils
surent, non seulement exécuter à la perfection, mais encore composer en vrais
artistes. Ils évitèrent l'agglomération des ornements afin de laisser deviner

le fond, ils groupèrent habilement les motifs, sans confusion jamais, les cernant vigoureusement d'un trait accentué, car ils avaient remarqué que la translucidité donnait de la mollesse.

A cette époque on employait peu la bordure dans le vitrail; quand il y en avait, elle était composée de rinceaux de feuillages maigres et découpés peints sur de longues bandes de verre ou faite de dents de scie enrichies d'alternances végétales.

Un art intéressant bien que moins majestueux que le vitrail, — l'enluminure — fût exploité au Moyen Age d'une façon très variée. Le lierre, la vigne vierge, le raisin, le quinte-feuille, le nénuphar, le bouton d'or, le chêne, le fraisier, le roseau, la mauve frisée, le chou, le chardon, le houx, la chicorée, la marguerite, la rose, l'œillet, la pensée émaillèrent les marges des manuscrits ; des feuilles digitées, palmées, lobées, pinnatifides, encadrèrent les parchemins.

Le Moyen Age est pour ainsi dire l'apogée de la flore décorative. Aucune époque ne l'a mieux interprétée, mieux comprise. Il a donné aux époques postérieures l'impulsion vers l'art ornemental.

Après le style ogival, qu'on avait baptisé de style gothique — faisant allusion aux Goths, peuplade barbare comme pour refuser dédaigneusement à cette merveilleuse école toute faculté artistique, — l'antiquité sortit de terre, se rajeunit pour régner encore sous le nom de Renaissance.

Cette école nous vint d'Italie. Quelques monuments qui précèdent la pure renaissance italienne sont empreints du caractère d'antiquité que doivent revêtir les œuvres du xvi⁰ siècle. L'école toscane a le sentiment des lignes et des surfaces, mais point encore le génie de la décoration qui réchauffe des lignes froides. Dans l'école vénitienne l'ornementation devient pompeuse, luxueusement riche ;

après avoir flotté entre l'antiquité et le Moyen Age un style nouveau se forme enfin avec son originalité. L'école romaine prend son essor. L'ornementation en est pure et d'un grand effet. Peu à peu cependant elle s'éloigne du vrai style antique et vers la fin du xvi⁰ siècle commence la décadence par l'abus d'un style surchargé, tourmenté, qui devient mou.

Pendant la campagne d'Italie, Charles VIII fut si vivement frappé des beaux monuments de la Renaissance qu'il ramena des ouvriers italiens et tous les seigneurs de son armée commencèrent de nouvelles édifications. La Renaissance s'était introduite en France.

Ce mélange du gothique et de la renaissance italienne donnèrent à notre pays un style tout particulier.

L'art décoratif façonné par un esprit bien français devient capricieux, riche et varié, de dispositions indépendantes. Des fleurs de lis sont semées sur les colonnes ; l'ornement symétrique composé de fleurs mêlées à d'élégants rinceaux, fait son apparition ; on emploie abondamment les fruits ; de fines nervures s'étalent complaisamment sur les fûts des colonnes ; des fuseaux et des feuillages ornent les balustrades ; il est impossible de trouver plus d'élégance, plus de délicatesse. Les ressources sont inépuisables ; la volute vient donner un élément original à la décoration des cartouches formés d'enroulements.

La courbe est le type principal de l'ornementation, tirée de la tige elle est souple, gracieuse, élégante, forme la double volute ingénieusement roulée. Une végétation dentelée de rinceaux en acanthe décore les appartements enrichis de couleurs brillantes rehaussées d'or, des arabesques courent capricieusement le long des frises, les intérieurs des maisons sont ornés d'une décoration légère, gaie et fourmillent de sculptures.

Après la mort de François Ier, les guerres civiles supprimèrent le goût et surtout le loisir de s'occuper d'art ornemental. Le xvie siècle fut encore, sous les successeurs de François Ier, surtout sous Henri II, une époque d'activité ; le xviie fut une époque froide et raisonnée. Ce style du xviie siècle a encore des attaches avec la Renaissance, mais il est plus simple et plus calme. Les éléments de décorations empruntés au règne végétal disparaissent pour faire

Imp. R. Engelmann, Paris.

place à des parties lisses, des moulures simples ; il y a une grande so-
briété, aussi une distinction parfaite,
dans la disposition de l'ornement.

Sous Louis XIV la décoration est pompeuse; les formes sont belles,
majestueuses, mais bientôt deviennent lourdes et tourmentées.

Avec Louis XV, le goût du pimpant, du précieux surtout,
envahit la décoration des salons; des glaces illuminent les appartements et sont prétexte à ornementation. Le clinquant, parfois
le mesquin, accompagnent malheureusement cet art exquis de
finesse, d'ingéniosité et d'esprit. L'ornementation se pondère au
xvIIIᵉ siècle en conservant toutefois la fraîcheur et le caprice du
Louis XV ; tout en ramenant ses lignes à un ordre plus calme,
elle en conserve la vénusté exquise ; les volutes, les enroulements
sont moins tourmentés, moins capricieux, ils se régularisent et
prennent cette tenue élégante, correcte, éminemment distinguée
qui caractérise le style Louis XVI.

Jusqu'en 1830 il n'y a plus de style. Nous ne pouvons considérer comme
tel l'ornementation du premier empire qui n'a fait qu'emprunter à l'antique
et au xvIIIᵉ siècle des éléments qu'elle a mêlés pour en faire un alliage
lourd et disgracieux ; l'art décoratif s'égare, disparaît. La révolution, les guerres
de Napoléon, les troubles du commencement de ce siècle furent cause de cet arrêt.

La décoration n'a vraiment repris son essor que depuis une vingtaine d'années.
Les progrès extraordinaires de l'industrie ont donné l'idée de tout enrichir par
l'ornementation et un art nouveau s'est créé, art raisonné qui a trouvé des
règles par l'observation de la nature et l'étude des œuvres des artistes qui
nous précédèrent.

C'est par quelques conseils et l'indication de quelques moyens de composer
une décoration, d'étudier une plante, en un mot de faire œuvre de décorateur,
que nous résumerons dans un court chapitre l'art industriel moderne.

On voit que la flore a préoccupé continuellement les artistes et qu'elle a
joué un rôle considérable dans l'histoire de l'art. Elle a été la source principale de l'ornementation et la richesse de la plupart des merveilles entassées

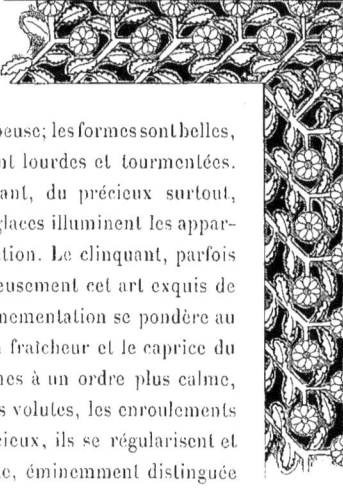

dans le monde entier. Dans sa marche triomphale à travers les âges la
fleur a subi les influences des milieux dans lesquels elle vivait, tantôt
gracieuse, tantôt puissante et forte, tantôt anémiée, elle a survécu à tous
les orages, aux guerres même qui firent peser sur la décoration leur force
brutale. Grâce à d'éminents artistes comme Eugène Grasset, qui la soignent
et l'aiment, elle vient s'épanouir brillante de splendeur et d'éclat en cette
fin de siècle où le besoin du renouveau se fait si vivement sentir.

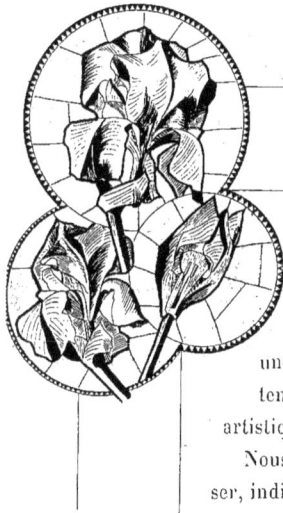

CHAPITRE XI

QUELQUES PRINCIPES DE DÉCORATION

S'il fallait se restreindre absolument et uniquement dans
des principes, l'art décoratif serait rapidement
appauvri.

Tout art doit pourtant être soutenu par une
étude sérieuse charpentée par des lois bien établies,
très méthodiques ; si nous en avons énoncé quelques-
unes c'est qu'on ne peut se passer d'elles, elles ont été de tout
temps et chez tous les peuples, la raison d'être des manifestations
artistiques.

Nous allons maintenant parler des différentes manières de composer, indiquer de notre mieux les moyens d'arriver à un bon résultat en
évitant les erreurs qui mèneraient rapidement à l'obscur et à l'incompréhensible si l'on n'était guidé par ce grand principe : la volonté dans l'ordre.

Composer est un mot qui renferme une foule d'idées et une quantité d'applications, qui exige une très grande somme de travail, une habitude et un
apprentissage assez longs.

La décoration étant un art essentiellement imaginatif, il exige certaines
qualités naturelles dont il ne faudrait pas se contenter toutefois.

En effet, un artiste qui aurait confiance dans son imagination seule, pro-
duirait certainement des œuvres originales, mais il arriverait vite au
bizarre, voire à l'incohérent.

Si l'imagination ne veut pas dépérir il faut qu'elle soit nourrie par une science sérieuse, quelquefois indigeste, pénible à acquérir, mais qui, assimilée, devient habitude et fait intimement partie de la nature.

L'art décoratif moderne, qui se développe avec une merveilleuse croissance est susceptible d'embrasser, non seulement toutes les branches de l'art, mais encore toutes celles de l'industrie.

Si une décoration est destinée à être reproduite par la typographie, par la lithographie, ou par tout autre procédé en noir ou en couleurs, il faut savoir dans quelles conditions elle doit se faire ; il s'agit donc d'acquérir aussi le côté : *métier*.

Si l'on doit faire un projet de vitrail, il faut avoir quelques notions sur les

ressources de cet art; si l'on veut exécuter une reliure, on ne doit pas ignorer
comment se traite le cuir; je pourrais citer des exemples à l'infini, ceux-ci
suffisent pour faire voir combien les connaissances en décoration doivent être
multiples. La première et la plus importante de toutes les préoccupations est
de savoir tout bien dessiner, et principalement la fleur, élément fondamental
de l'ornement. Aussi, pour remplir le but de notre livre, allons-nous indiquer
rapidement comment on tire des documents de la flore pour les utiliser
en décoration. Avec la fleur tout est possible et tout peut être intéressant à
la condition d'être bien traité.

CHAPITRE XII
SUR LA MANIÈRE D'ÉTUDIER UNE FLEUR AU POINT DE VUE DE L'INTERPRÉTATION DÉCORATIVE

Quand il s'agit de prendre dans la plante les éléments qui la composent,
pour en faire un motif décoratif, il faut procéder avec méthode.

Comme exemple, prenons l'églantier.

Pour bien donner le caractère général nous prenons d'abord un croquis
général de la forme, sans nous préoccuper des détails auxquels nous passe-
rons ensuite.

Voici une branche : dessinons-en les fleurs et les feuilles à leur place avec
leur forme bien observée, leurs dentelures, les nervures qui la traversent;
nous pourrons même ajouter un ton, le plus juste possible, mais seulement
comme mémoire puisque la combinaison des couleurs en décoration est tout
à fait *ad libitum* et que nous pouvons faire des feuilles bleues et des tiges
jaunes si cela nous plaît.

Nous passons ensuite aux détails plus minutieux.

C'est l'analyse de la plante que nous devons faire, l'anatomie de la forme.
En effet, pour bien connaître tous les éléments, il convient de les disséquer,
de les examiner attentivement, chaque détail pouvant servir à une bordure,
à un semis, etc. Un pistil, une anthère, s'ils ont une jolie forme, donneront parfois l'idée d'un jeu de fond ; une nervure harmonieuse, un délicat
dessin de feuille inspireront d'autres motifs; aussi ne doit-on rien laisser
échapper.

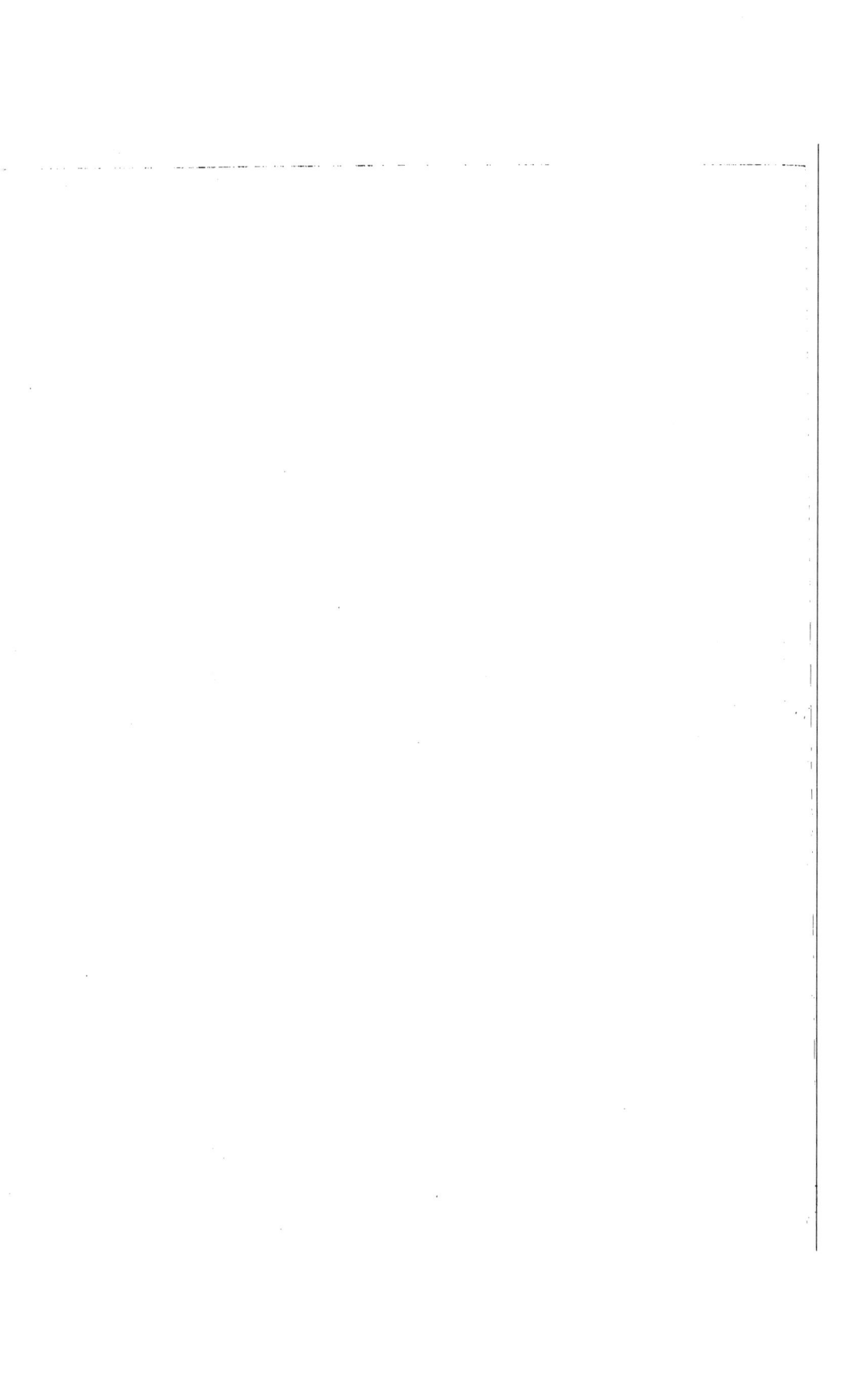

Étudions maintenant la fleur sous tous ses aspects :

Nous remarquons aisément que celle de l'églantier peut s'inscrire dans une forme géométrique ; prise de profil elle se renfermera schématiquement dans un triangle dont le sommet serait tronqué. En se préoccupant d'observer cette forme supposée, on la dessine légèrement et on la circonscrit à la fleur. Il faut dessiner le plus simplement et le plus correctement possible ; après avoir étudié son sujet de profil, on l'étudie de face, de trois quarts, de dos.

Dans l'églantier, les pistils sont très nombreux et serrés les uns contre les autres, ils ne dépassent pas de beaucoup le diamètre de l'ovaire ; les pétales creusés en pochette sont au nombre de cinq ; cinq feuilles découpées viennent s'attacher au calice assez long.

Pour la feuille on procède comme pour la fleur. La feuille à cinq folioles, tantôt lourdes, tantôt légères, suivant les espèces. On la dessine vue d'en de l'églantier est généralement dessus, d'en dessous, de profil ; on examine et l'on traduit attentivement la forme des dentelures puis les attaches de la feuille ; ici elle se soude à la tige par des pétioles, à l'aisselle desquels sont deux petits rejets.

Les boutons sont aussi très décoratifs, on fera bien d'en rechercher tout le

détail, soit quand ils ne sont pas encore éclos, soit quand les pétales viennent de tomber, soit lors-qu'ils sèchent. La tige doit être notée soigneuse-ment par sa coupe soit cylindrique, soit polygonale.

En procédant de cette manière pour toutes fleurs que l'on étudie, on finit par avoir des documents absolument complets, absolument exacts, dont on pourra toujours se servir.

Il est facile d'utiliser les éléments d'une plante : il est certain que quand on veut composer une décoration, inscrire des motifs dans une forme donnée, qu'on fait suivre une direction à une bordure, qu'on enchevêtre les fleurs les unes dans les autres, il est difficile de trouver tout composé dans la nature ce dont on a besoin. Nous disons « composer » car vouloir copier servilement pour une décoration ce qu'on a devant soi, supprimerait toute recherche, faciliterait la besogne et rendrait paresseux. Il faut étudier la nature en observateur, tout en subissant son influence il faut la dominer. Il est bien entendu, que nous parlons ici au point de vue *purement décoratif*.

CHAPITRE XIII

SUR L'EMPLOI DES DOCUMENTS PUISÉS DANS LA FLEUR

Quand on est muni de documents complets, on peut

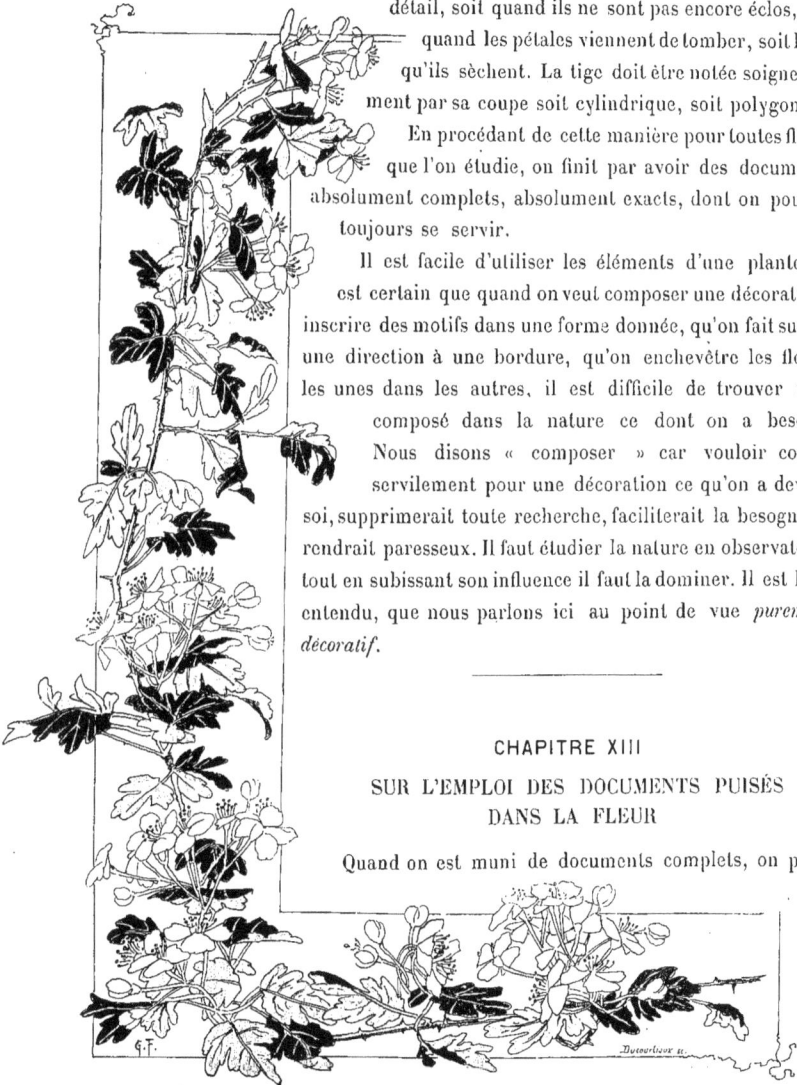

se mettre à l'œuvre sans craindre de s'arrêter en route.

La tenue d'une décoration exige quatre conditions essentielles :

1° La forme des motifs ;

2° Leur disposition, leur groupement ;

3° L'interpré-tation ;

4° La couleur.

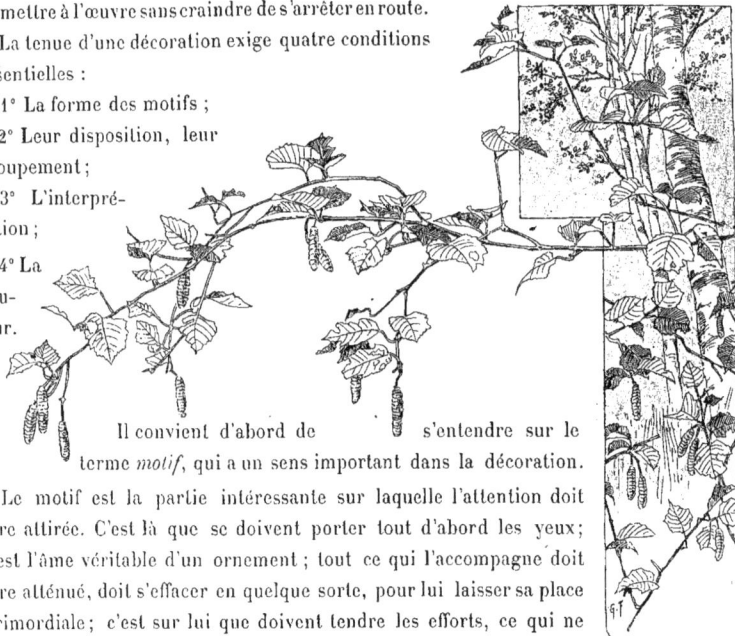

Il convient d'abord de   s'entendre sur le terme *motif*, qui a un sens important dans la décoration.

Le motif est la partie intéressante sur laquelle l'attention doit être attirée. C'est là que se doivent porter tout d'abord les yeux; c'est l'âme véritable d'un ornement ; tout ce qui l'accompagne doit être atténué, doit s'effacer en quelque sorte, pour lui laisser sa place primordiale; c'est sur lui que doivent tendre les efforts, ce qui ne veut pas dire, bien entendu, que tout ce qui l'entoure doit être négligé, loin de là. Le motif peut être ou la feuille, ou la fleur, cela dépend de l'idée qu'on a voulu exprimer. Plus généralement, c'est la fleur qui forme motif principal mais le choix appartient librement à l'artiste. Étant donné que le « motif » occupe le premier rang, et qu'il doit frapper au premier abord à l'exclusion de ce qui l'accompagne, il faut que sa forme soit agréable, ingénieusement trouvée, pondérée en un mot.

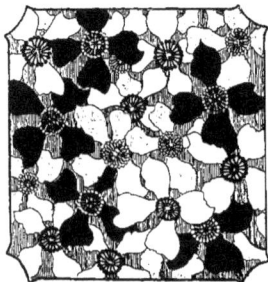

Nous avons vu précédemment que pour bien étudier une fleur il convenait de la tracer dans la forme géométrique idéale qui l'enveloppe toujours ; quelque fleur que vous preniez, vous ferez certainement vous-même cette remarque. Un pavot jeune pris de

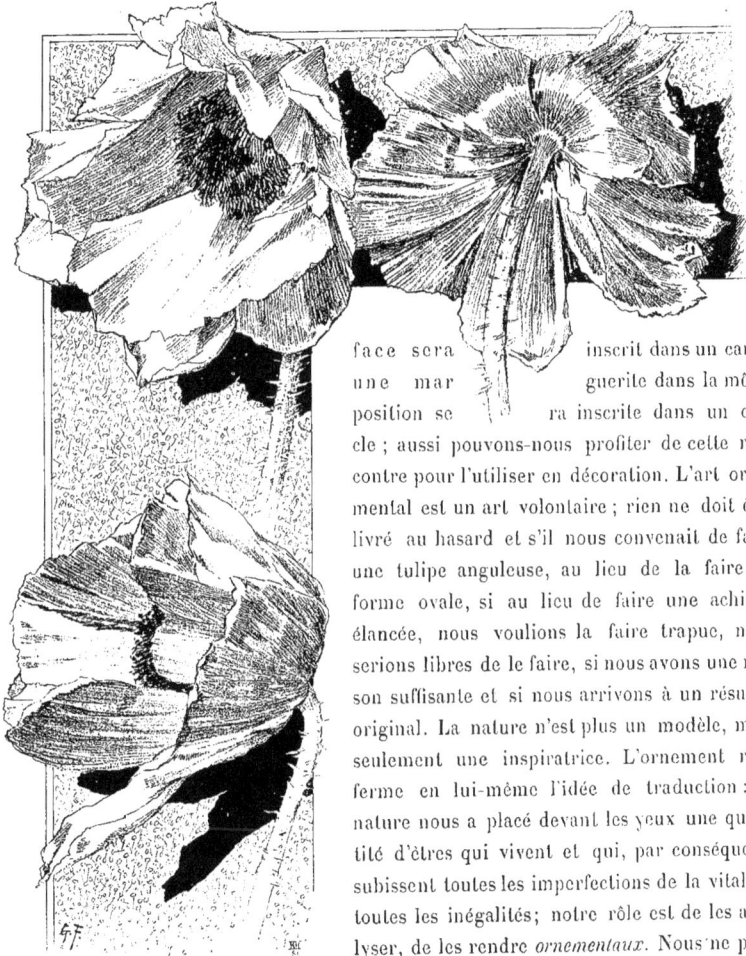

face sera   inscrit dans un carré,
une mar   guerite dans la même
position se   ra inscrite dans un cer-
cle ; aussi pouvons-nous profiter de cette rencontre pour l'utiliser en décoration. L'art ornemental est un art volontaire ; rien ne doit être
livré au hasard et s'il nous convenait de faire
une tulipe anguleuse, au lieu de la faire de
forme ovale, si au lieu de faire une achillée
élancée, nous voulions la faire trapue, nous
serions libres de le faire, si nous avons une raison suffisante et si nous arrivons à un résultat
original. La nature n'est plus un modèle, mais
seulement une inspiratrice. L'ornement renferme en lui-même l'idée de traduction : la
nature nous a placé devant les yeux une quantité d'êtres qui vivent et qui, par conséquent,
subissent toutes les imperfections de la vitalité,
toutes les inégalités; notre rôle est de les ana-
lyser, de les rendre *ornementaux*. Nous ne pouvons le faire que par convention, de parti pris;
la forme d'une fleur peut donc être variée à l'infini et nous sommes libres de
la plier à notre volonté.

Cependant il ne faudrait pas tomber dans l'exagé ration, la forme doit conserver son caractère. Il serait étrange d'attacher, par exemple, sous prétexte d'originalité, des fleurs de violettes sous un feuillage de chrysanthèmes, de donner à la rose la tenue d'un lilas. Quand nous disons que rien ne nous empêche de donner à la tulipe une forme anguleuse, nous entendons le faire en lui conservant néanmoins son caractère ; nous nous contenterions par exemple de l'inscrire arbitrairement dans un ovale et d'y tailler des angles légers laissant la masse exacte, de telle sorte que de loin on la reconnaisse dans son ensemble.

Quand on a choisi la silhouette définitive des motifs il faut en faire le groupement. En effet, quand on compose une décoration, on ne se contente pas d'un motif, on en met plusieurs ; une bordure faite d'œillets par exemple, représentera une succession de ces fleurs adroitement groupées.

On pourrait se demander pourquoi après avoir parlé de formes à donner à la fleur, nous parlons de grouper ces formes sans nous préoccuper des feuilles

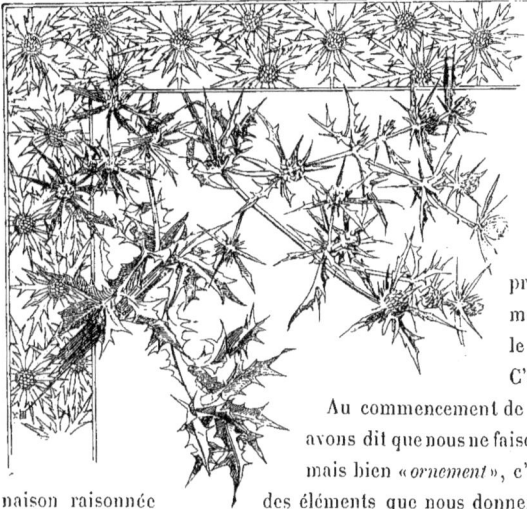

et des tiges qui les accompagnent ; il semblerait que nous devrions plutôt arranger d'une ingénieuse façon les plantes entre elles. Au premier abord, ce moyen paraît être le plus plausible. C'est une erreur.

Au commencement de ce chapitre, nous avons dit que nous ne faisons plus « *nature* », mais bien « *ornement* », c'est-à-dire combinaison raisonnée des éléments que nous donnent les plantes. La fleur n'est plus une fleur, c'est pour nous, à présent, motif principal, numéro 1 si vous voulez, la feuille sera le motif secondaire ou motif numéro 2, etc. Donc nous devons placer ces motifs en quelque sorte par famille et les principaux doivent avoir leur place choisie d'avance, puisque c'est à eux qu'est échue toute la prépondérance. Nous verrons après comment nous nous y prendrons pour les feuilles, les tiges, etc.

Une autre raison nous impose cette méthode : l'équilibre des intervalles, des vides qui séparent les ornements. En effet, si nous nous contentions de disposer d'une façon plus ou moins habile les plantes dont nous nous servons, nous serions forcément entraînés à nous laisser guider par le hasard. Si celui-ci fait quelquefois bien les choses, s'il groupe parfois agréablement des feuilles, s'il enlace élégamment des tiges, il ne faut pas toujours se fier à lui en matière de décoration. La nature est régie avec méthode et tel buisson fait bien sur un grand ciel parce qu'il y est placé dans certaines conditions, qu'il a l'atmosphère autour de lui ; de même dans une décoration faudra-t-il disposer les éléments qui la composeront, de façon à ce que chacun ait sa valeur et soit bien à sa place.

Les intervalles doivent être comme les motifs, judicieusement répartis afin qu'ils soient égaux, sinon complètement, du moins dans une certaine mesure ; une chose n'a sa valeur que par ce qui l'accompagne, autrement dit un motif ne se tiendra bien que s'il est appuyé par un autre motif.

Ce que nous venons de dire nous entraîne à cette conclusion : pour grouper des motifs, il faut en chercher la masse, c'est-à-dire établir un groupe ici, un autre là, une autre forme plus bas ou plus haut de façon à ce que le fond à décorer soit couvert d'une façon pondérée. Entendons-nous sur le mot « couvert », il n'est pas synonyme de bouché ; nous plaçons des éléments — le moins possible pour ne pas alourdir — que nous allons réunir par des tiges et des feuilles auxquelles il faut laisser la place de vivre.

Revenons à l'exemple que nous avons donné : les fleurs ont été placées d'avance, les tiges et les feuilles les ont réunies ensuite ; les intervalles s'équilibrent donc pour ne pas laisser de parties lourdes ; le plus difficile est fait. Il suffit maintenant de fixer les tiges aux fleurs, en conservant les caractères de l'attache et en veillant à ce que ces tiges s'emmanchent bien,

qu'elles ne se
trouvent pas
brusquement
coupées en
route et que
vues dans
l'ensemble,
elles produi-
sent des li-
gnes ou des courbes gracieuses. Il reste maintenant à grouper les feuilles autour de la tige,
en évitant autant que possible les trop nombreux passages de ces feuilles les unes sur les
autres, toujours pour la même raison : la
crainte de faire lourd. Voilà nous semble-t-il
le procédé le plus général pour composer ;
nous ne le donnons pas comme le seul, car
bien des artistes pour arriver à un excellent
résultat s'y prennent autrement, mais nous
croyons qu'il est logique et qu'il permet de
faire quelque décoration que ce soit d'une façon
claire et raisonnée.

Il convient maintenant de parler de l'inter-
prétation, de la manière dont une fleur et ses éléments peuvent être rendus
ornementaux, comment il faut faire ce genre de traduction et éviter des
exagérations fâcheuses. Toutefois nous ne nous étendrons que fort peu et
d'une manière générale sur un tel sujet, car l'originalité d'un artiste dépend
de la manière dont il comprend son œuvre.

Si nous prenons par exemple le lis, nous remarquons qu'il est formé de
six pétales gracieusement courbés en dehors; en dessinant ces six pétales,
tous égaux de taille, nous aurons un ornement bien proportionné et d'une
belle tenue, c'est de l'interprétation : nous avons supprimé le pittoresque de la
fleur pour la rendre purement ornementale. Nous remarquons dans le pétale
des nervures très peu saillantes; nous pourrons les utiliser en les dessinant

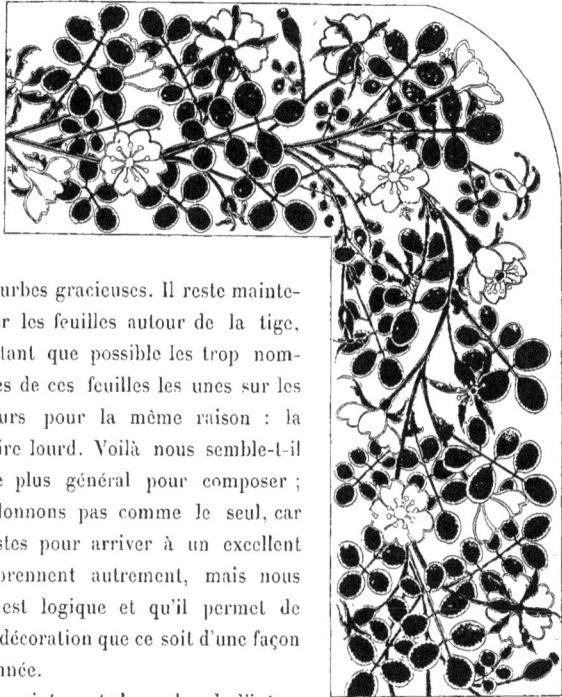

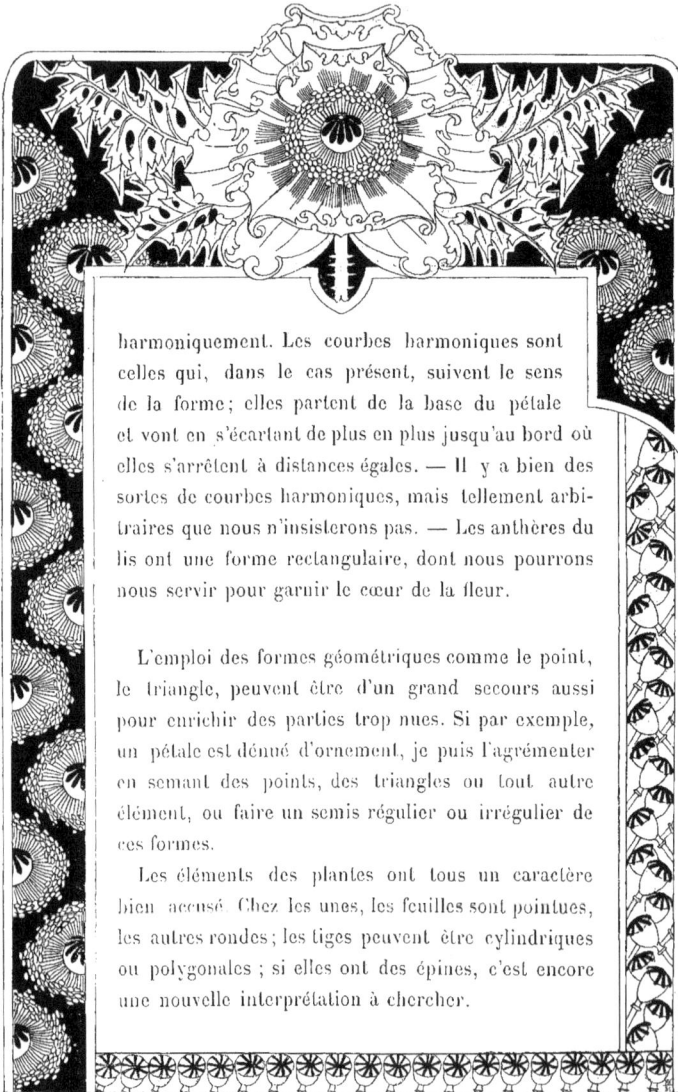

harmoniquement. Les courbes harmoniques sont celles qui, dans le cas présent, suivent le sens de la forme; elles partent de la base du pétale et vont en s'écartant de plus en plus jusqu'au bord où elles s'arrêtent à distances égales. — Il y a bien des sortes de courbes harmoniques, mais tellement arbitraires que nous n'insisterons pas. — Les anthères du lis ont une forme rectangulaire, dont nous pourrons nous servir pour garnir le cœur de la fleur.

L'emploi des formes géométriques comme le point, le triangle, peuvent être d'un grand secours aussi pour enrichir des parties trop nues. Si par exemple, un pétale est dénué d'ornement, je puis l'agrémenter en semant des points, des triangles ou tout autre élément, ou faire un semis régulier ou irrégulier de ces formes.

Les éléments des plantes ont tous un caractère bien accusé. Chez les unes, les feuilles sont pointues, les autres rondes; les tiges peuvent être cylindriques ou polygonales ; si elles ont des épines, c'est encore une nouvelle interprétation à chercher.

Les feuilles, qui sont si variées de forme ou de dessin, peuvent devenir fort décoratives. Leurs nervures, comme aussi leurs dentelures, leurs accidents, leurs détails intérieurs, sont dans chaque espèce autant de prétextes ; en exagérant on pourra même accuser plus fortement leur caractère, et enrichir ainsi une décoration.

Tantôt on cernera d'un gros trait, tantôt on allégera, on supprimera même celui-ci ; les moyens sont inépuisables et je pourrais citer à l'infini des exemples. Je ne saurais trop le dire, tout décorateur doit être doublé d'un observateur, il doit utiliser tout ce qu'il voit pour le rendre ornemental. Il ne faudrait cependant pas abuser et voir *tout* exclusivement de cette manière ; vouloir faire trop riche, vouloir tout réduire en ornements, serait le meilleur moyen d'appauvrir ; l'habileté consiste à faire valoir un motif très riche, très fouillé en lui opposant des motifs simples et tranquilles.

Ce que nous venons de dire pour les formes s'applique aussi aux valeurs et à la couleur ; il faut distribuer ses valeurs par masses comme on a distribué ses motifs. Une couleur éteinte fera vibrer une couleur éclatante comme une partie simple fera valoir une partie très ornementée.

Il y a une similitude très grande entre les principes qui régissent les formes et ceux qui régissent les valeurs et les couleurs.

Rien n'est plus important que la valeur... C'est le synonyme de clarté. Supposons que dans un dessin, nous nous donnions par avance, trois valeurs, nous ne devrons jamais en sortir. Si la fleur a la valeur 1, la tige et les feuilles la valeur 2 et le fond la valeur 3, il faudra nous astreindre à les observer. Dans ce cas, nous laisserions, par exemple, la fleur blanche, nous

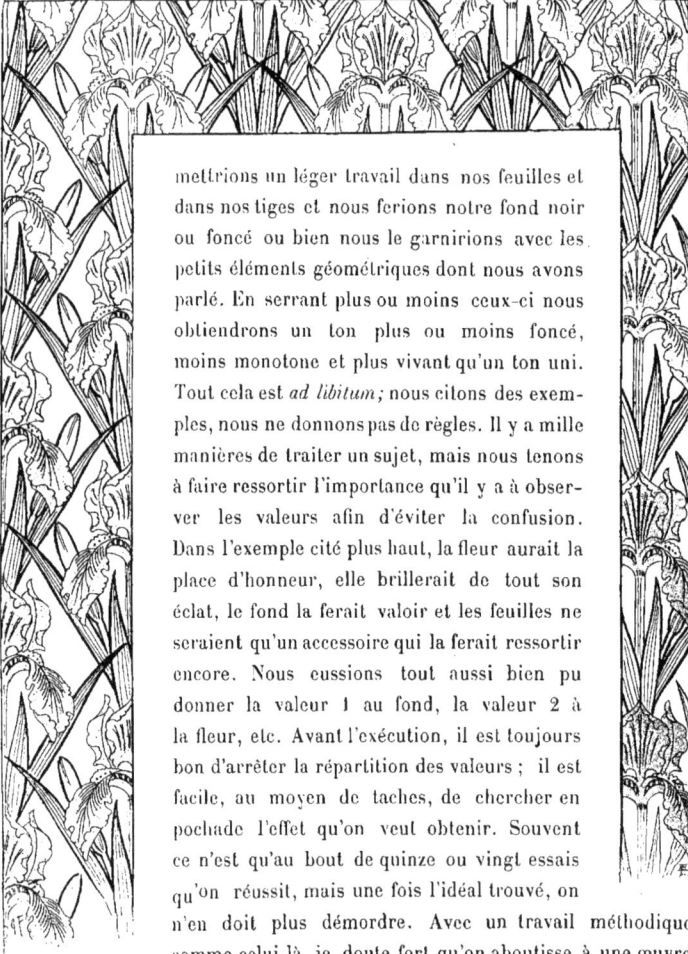

mettrions un léger travail dans nos feuilles et dans nos tiges et nous ferions notre fond noir ou foncé ou bien nous le garnirions avec les petits éléments géométriques dont nous avons parlé. En serrant plus ou moins ceux-ci nous obtiendrons un ton plus ou moins foncé, moins monotone et plus vivant qu'un ton uni. Tout cela est *ad libitum;* nous citons des exemples, nous ne donnons pas de règles. Il y a mille manières de traiter un sujet, mais nous tenons à faire ressortir l'importance qu'il y a à observer les valeurs afin d'éviter la confusion. Dans l'exemple cité plus haut, la fleur aurait la place d'honneur, elle brillerait de tout son éclat, le fond la ferait valoir et les feuilles ne seraient qu'un accessoire qui la ferait ressortir encore. Nous eussions tout aussi bien pu donner la valeur 1 au fond, la valeur 2 à la fleur, etc. Avant l'exécution, il est toujours bon d'arrêter la répartition des valeurs ; il est facile, au moyen de taches, de chercher en pochade l'effet qu'on veut obtenir. Souvent ce n'est qu'au bout de quinze ou vingt essais qu'on réussit, mais une fois l'idéal trouvé, on n'en doit plus démordre. Avec un travail méthodique comme celui-là, je doute fort qu'on aboutisse à une œuvre confuse. Cette œuvre pourra pêcher par la composition, par le dessin, etc., mais on y rencontrera toujours une progression d'efforts raisonnés.

Il faut qu'une composition décorative ait une harmonie de tons. Suivant l'impression qu'on voudra produire, on emploiera telle ou telle couleur. Si nous voulons un effet violent, nous mettrons côte à côte deux couleurs complémentaires car nous savons que quand elles voisinent, loin de se nuire, elles se font valoir ; comme deux commères qui se rencontrent, elles crient, mais ce qui est désagréable à entendre chez celles-ci, est quelquefois agréable à voir chez celles-là.

Si nous recherchons une impression douce, nous emploierons des couleurs éteintes ou des gris. Le gris (gris bleu, gris rouge, etc.) employé à côté de couleurs pures donnera à celles-ci de la vie, de la solidité, tout en restant lui-même discret ; il sera d'un grand secours pour les fonds et les parties qu'on voudra atténuer.

Les plus beaux gris qu'on puisse réaliser sont ceux qu'on obtient en mélangeant les complémentaires : si l'on marie, par exemple, le vert et le rouge on obtient un gris d'une délicatesse exquise, verdâtre si on force le vert, rougeâtre si on force le rouge (1).

Si les couleurs sans mélange sont généralement fraîches, brillantes, en revanche elles sont quelquefois brutales, aussi vaut-il mieux les rompre avec d'autres tons pour obtenir des gammes plus harmonieuses.

« La couleur a ses valeurs » qu'on doit observer rigoureusement. Souvent on est fort étonné, après avoir fait un projet, de voir un motif auquel on avait donné le premier rôle, disparaître dans l'ensemble, être pauvre, décoloré, complètement noyé, écrasé par des motifs de second ordre ; ceci parce que sa valeur n'est pas observée, qu'elle est égale à la valeur d'un autre motif avec lequel il se confond, rendant ainsi l'ensemble tout à fait incompréhensible. Il suffit bien souvent, pour arriver à l'effet, de renforcer ou d'atténuer la couleur qui peut être juste en tant que *couleur* mais ne l'est pas en tant que *valeur*.

(1) Nous avons parlé longuement de la loi des complémentaires dans *l'Art de peindre l'éventail, l'écran et le paravent*, et également dans une brochure : *l'Art de peindre les fleurs*.

Il est des compositions qui, tout en étant polychromes, conservent une tranquillité, presque une sorte de monotonie harmonieuse voulue ; l'auteur a adopté des motifs équivalents de taille ou des tons de même valeur bien que différents de couleur pour obtenir l'effet calme, discret qu'il cherchait.

Nous nous sommes efforcé d'indiquer les moyens de composer une décoration, de l'interpréter et de la mettre en couleur, — conseils rapides inspirés par l'expérience puisqu'ils nous ont depuis longtemps réussi. — mais nous ne les donnons pas comme *méthode absolue*, loin de là. Ils suffiront, espérons-le,

pour éclairer le lecteur qui ne nous a pas abandonné sur la route parcourue et pourront servir d'éléments à une étude que la pratique exercera en la complétant.

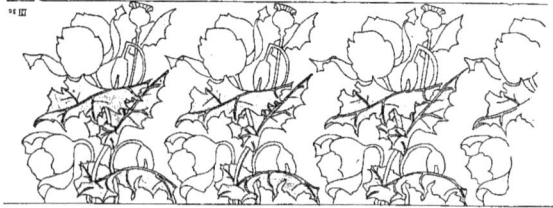

CHAPITRE XIV

DIFFÉRENTS MOYENS DE COMBINER UN ORNEMENT

L'ornementation appelée *jeu de fond* est souvent employée par les décora-teurs. Le jeu de fond, est un semis régulier de formes séparées ou emmanchées les unes dans les autres.

Les jeux de fond peuvent être d'une richesse extraordinaire ou d'une grande simplicité. Généralement construits sur un réseau ils sont faits soit avec des formes géométriques, enjolivées par un décor quelconque, soit avec la fleur ou la feuille elle-même, soit enfin avec des éléments infimes de la plante. Supposons que j'aie besoin d'un jeu de fond pour accompagner un iris, je prendrai dans celui-ci un des pétales, par exemple, j'en formerai mon orne-mentation qui se complétera au besoin par d'autres détails de la fleur et lui fera un accompagnement logique ; le pistil, le calice, pourront par leur forme me donner l'idée d'une ornementation de bordure ; le périanthe de la fleur m'inspirera une rosace, la tournure d'une tige me permettra de con-struire un élément courbe, le bouton de la fleur me servira à faire un cadre et la corolle m'inspirera une frise. Prenant chacun de ces éléments je com-poserai donc mon ornement en observant les valeurs et le dessin, je veillerai à ce qu'il ne nuise pas à mon motif principal ou que celui-ci ne soit pas détruit par cet entourage.

Il y a plusieurs façons de construire des bordures et des encadrements en prenant les détails d'une fleur. Nous en donnerons quelques-unes, votre fantaisie vous en fera découvrir d'autres.

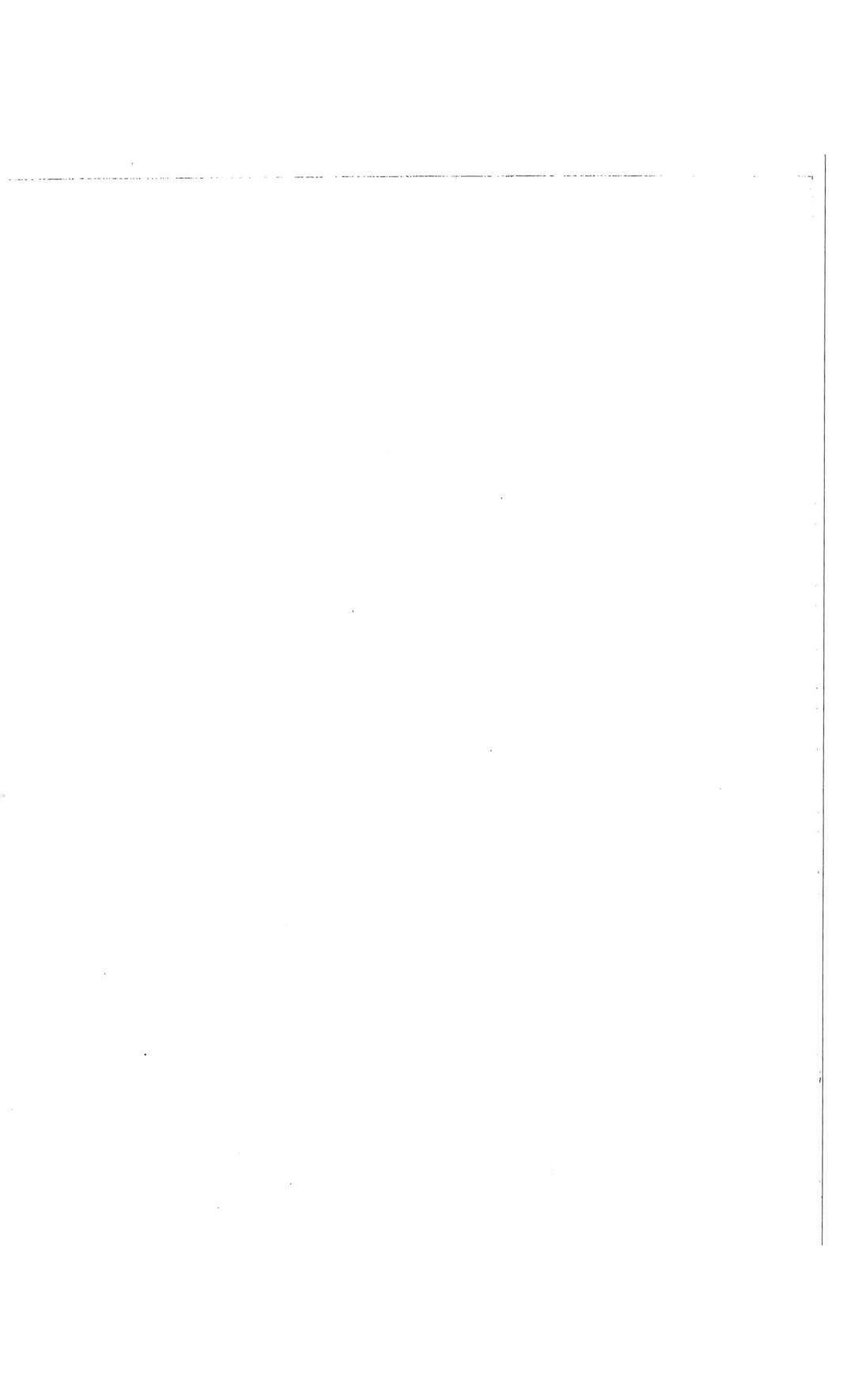

Ce qui fait l'impeccable beauté de la nature, c'est l'ordonnance parfaite et la proportion générale de tout ce qu'elle produit.

Tout y est équilibré suivant des lois immuables, tout y est harmonieusement distribué dans la couleur comme dans la forme. Dans une fleur, le nombre des pétales est également réparti, la grandeur du périanthe est proportionnelle à la grandeur de la tige, tous les organes sont distribués d'une façon absolument régulière. Cependant dans les êtres qu'elle produit, il y a quelquefois des monstres, c'est-à-dire des types qui ne correspondent pas exactement à la loi générale.

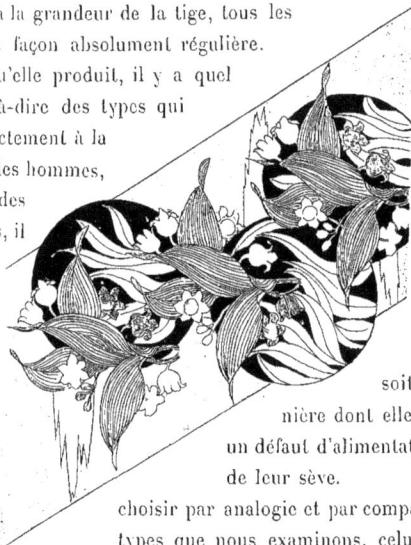

S'il est parmi les hommes, des bossus ou des aveugles, des boiteux ou des sourds-muets, il est aussi parmi les fleurs et les plantes des estropiés et des difformes. Leur imperfection est due à un grand nombre de causes, soit au terrain, soit à la manière dont elles ont été soignées, soit à un défaut d'alimentation, soit enfin à l'infériorité de leur sève.

Il faut donc choisir par analogie et par comparaison, parmi les différents types que nous examinons, celui qui par ses formes parfaites, correspond à la règle puisque c'est précisément dans cette perfection que résident les premiers éléments de tout art; c'est dans la perfection de la nature que les hommes ont trouvé la source de toute décoration.

§ 1er. — La répétition.

Il y a différentes sortes d'ornementation qui procèdent de ce que nous avons dit plus haut.

L'ornementation peut d'abord se résoudre par la répétition : Si nous voulons faire une bordure, par exemple, nous prendrons une fleur et nous en ferons un motif que nous pourrons indéfiniment répéter ; nous obtiendrons ainsi un effet souvent saisissant. Une forme qui est insignifiante devient la plupart du temps intéressante par la répétition. Les courbes adroitement répétées font des ornements gracieux, élégants ; si ce sont des tiges, les fleurs qu'elles supportent prennent une importance qui tout en n'étant pas outrée, enrichit. En combinant des lignes droites, on peut donner à la décoration ou une grande sévérité ou une sécheresse voulue. Suivant la manière de construire un motif répété, on peut obtenir des caractères très différents. La répétition est un rythme et par conséquent une des premières conditions pour faire œuvre d'art. Le rythme est étroitement lié à la nature, il règle les mouvements, soit de la marche, soit des actions musculaires ; il est dans la succession des jours et des nuits, des années et des siècles. La répétition est le fond de la poésie par la cadence et la rime, elle frappe nos oreilles dans la musique par la mesure, elle est partout en nous, dans nos pensées, dans nos actions.

Le sens du mot répétition est assez large. Nous n'entendons point seulement, par répétition, une succession suivie d'*un* motif répété rigoureusement. On peut alternativement faire succéder un *groupe* de deux, trois ou même quatre motifs, suivant la longueur de la surface à couvrir. Prenons comme exemple une bordure faite avec du pavot. La fleur interprétée sera le premier motif, à côté un groupe de feuilles formera le second ; comme troisième motif j'agencerai quelques boutons ; je reprendrai alors le premier, puis le second et le troisième, autant de fois que la longueur de ma bordure l'exigera.

La répétition peut non seulement s'employer dans une bordure mais encore dans des formes quelconques. Supposons un triangle : La fleur du milieu touchera le sommet de l'angle, les autres iront en diminuant tout en restant pareilles de forme ou à peu près et suivront l'inclinaison des côtés.

De la répétition découle naturellement le renversement des motifs qui n'est en somme qu'une répétition d'un autre genre ; il consiste à prendre un ornement et à le reproduire une fois à l'endroit et une fois à l'envers ; on forme de cette manière un motif groupé qu'on répète à nouveau.

Cependant ce genre de décoration moins simple est aussi moins correct que le premier ; il donne une impression d'art moins grand ; il faut en outre le choisir et le composer d'une autre façon, car il serait étrange d'avoir dans une frise, un pied de marguerites qui se répéterait la tête en bas, ce serait là une recherche de bizarrerie, d'étrangeté peu admissible. Dans le cas d'un renversement de motif, il faut prendre dans la plante, un élément pouvant sans inconvénient être ordonné comme nous venons de le dire et dont nous ferons une interprétation ornementale. Si dans le coquelicot, par exemple nous voyons le prétexte d'un ornement en groupant plusieurs boutons formant motif, il n'y aura aucun empêchement à le renverser; ce n'est plus une fleur naturelle, mais une véritable ornementation inspirée de la nature puisque le bouton de coquelicot est parfois rigide et parfois retombant.

§ 2. — L'inversion.

Nous employons le mot inversion faute d'un autre; nous entendons parler ici d'ornements dont les côtés sont identiques bien que se présentant de façons opposées.

Pour nous faire bien comprendre, prenons un « truc » que tous les potaches ont employé et qui consiste à maculer d'encre une feuille de papier; tandis que l'encre est encore humide on plie en deux le papier, on frotte sur l'envers pour étaler la tache qui, naturellement, se reproduit de chaque côté du pli lequel devient la ligne médiane de « l'ornement » ainsi obtenu; quelles que soient les formes bizarres de la tache elle prend une allure régulière, symétrique, en se répétant identiquement en sens inverse.

C'est l'*inversion* à deux côtés. Si vous tracez une ligne médiane verticale, puis une ligne médiane horizontale, vous aurez un ornement en angle, qui en se répétant quatre fois prendra une forme régulière. C'est par ce procédé d'ornements réguliers plusieurs fois répétés qu'on obtient des motifs de milieu, des rosaces, etc. : *inversions* à quatre, six, huit côtés.

Il est inutile d'insister sur un procédé facilement compréhensible et que tout le monde a expérimenté. Nous pourrons cependant ajouter qu'on doit dans un ornement symétrique conserver de justes proportions entre les

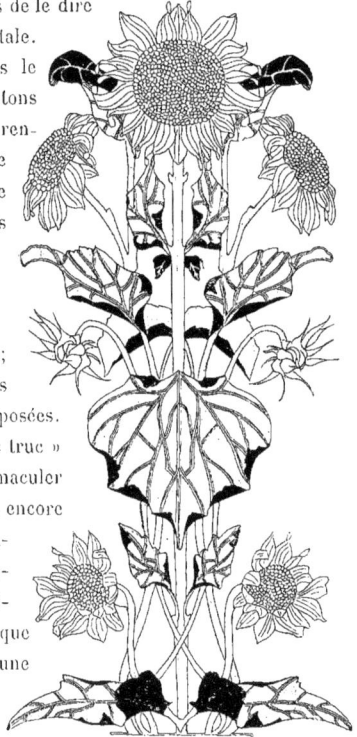

17

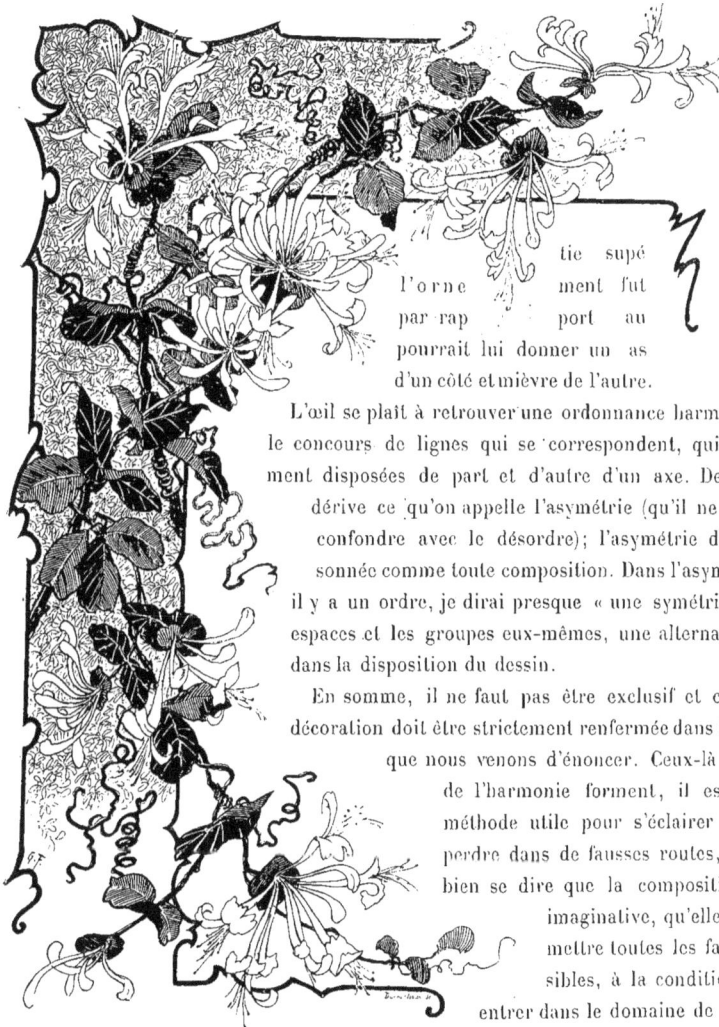

différentes parties du motif. Il ne faudrait pas, par exemple, que la par- tie supérieure de l'ornement fût trop large par rapport au pied, ce qui pourrait lui donner un aspect lourd d'un côté et mièvre de l'autre.

L'œil se plaît à retrouver une ordonnance harmonieuse dans le concours de lignes qui se correspondent, qui sont également disposées de part et d'autre d'un axe. De la symétrie dérive ce qu'on appelle l'asymétrie (qu'il ne faudrait pas confondre avec le désordre); l'asymétrie doit être raisonnée comme toute composition. Dans l'asymétrie même, il y a un ordre, je dirai presque « une symétrie » entre les espaces et les groupes eux-mêmes, une alternance parfaite dans la disposition du dessin.

En somme, il ne faut pas être exclusif et croire que la décoration doit être strictement renfermée dans les principes que nous venons d'énoncer. Ceux-là qui dérivent de l'harmonie forment, il est vrai, une méthode utile pour s'éclairer et ne pas se perdre dans de fausses routes, mais il faut bien se dire que la composition est tout imaginative, qu'elle peut se permettre toutes les fantaisies possibles, à la condition de ne pas entrer dans le domaine de l'absurde.

La principale qualité en art, c'est la simplicité ; c'est grâce à elle qu'on obtient les grands effets ; tous les maîtres l'ont parfaitement compris.

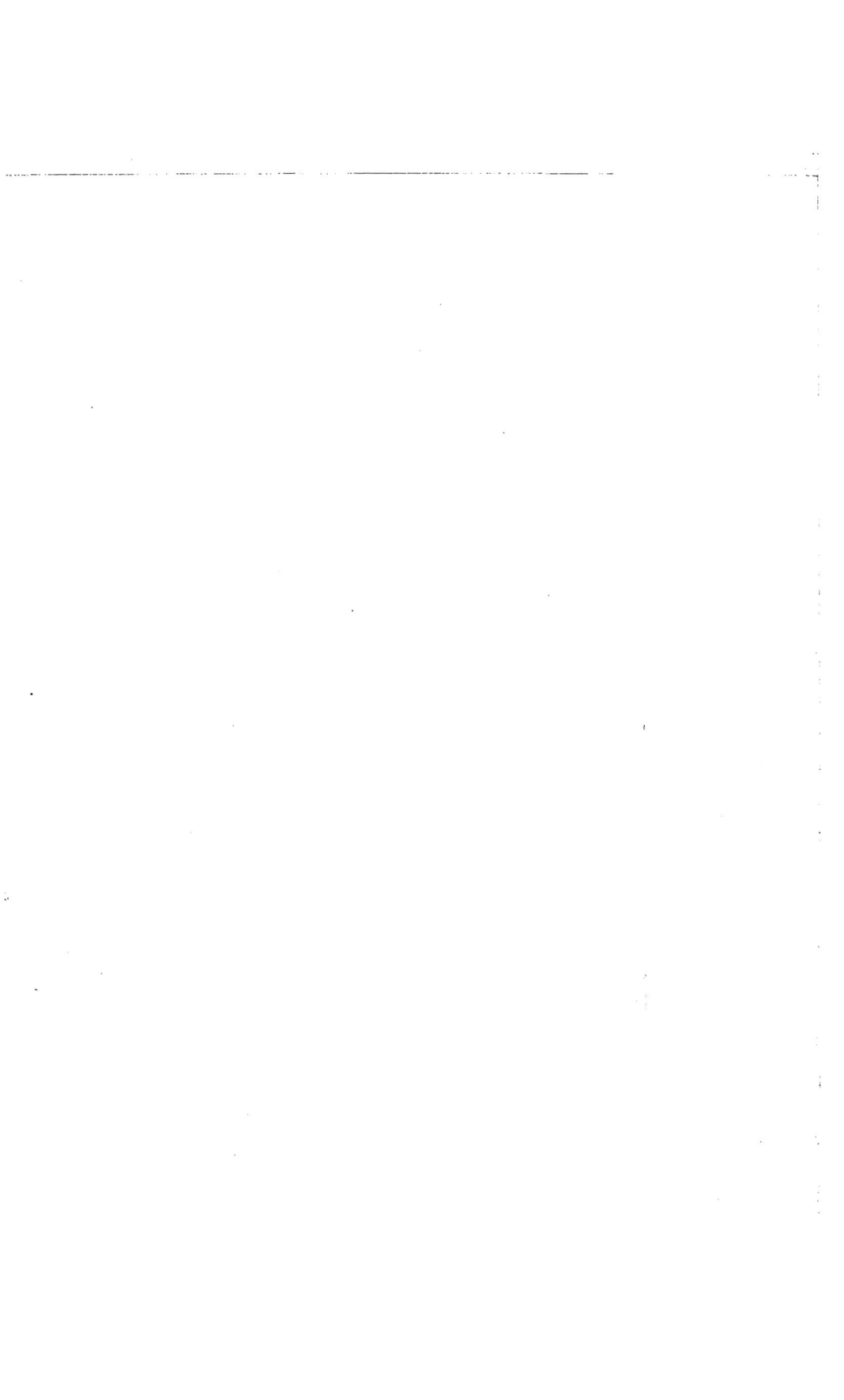

Simplicité ! c'est presque le synonyme de perfection; c'est la résultante d'un grand nombre de recherches et d'essais, le total d'efforts pondérés. L'inspiration, brutale au premier mouvement, se calme et s'apaise à mesure qu'elle devient maîtresse d'elle-même; les esquisses des tableaux des grands maîtres nous montrent cette progression vers la simplicité. Dans l'art décoratif principalement, c'est au moyen des lignes pures, des masses plus que des détails qu'on produit de grands effets. La décoration n'est pas faite pour être examinée à la loupe, elle doit frapper par son ensemble. Dans la nature même ce qui fait la beauté d'un paysage, c'est la masse des arbres, la silhouette des fonds; les détails disparaissent absolument pour ne laisser place qu'à l'ensemble. Il faut suivre les leçons de cette belle inspiratrice dont tout dérive et profiter de ses enseignements.

CHAPITRE XV

DEUX MOTS SUR LA DÉCORATION INDUSTRIELLE

L'art décoratif est sous la domination des matières employées dans l'industrie, à tel point que l'artiste compose tout naturellement d'une manière différente un projet suivant l'usage auquel il est destiné.

Ainsi, prenez une fleur quelconque, faites-en un dessin pour du papier peint, de la dentelle, du vitrail ou du fer forgé, votre dessin revêtira, pour chacun, des caractères différents; pour le papier peint il sera d'une interprétation libre, tout en ayant ses formes combinées pour qu'elles se raccordent exactement de tous les côtés de façon à ne faire qu'un tout dans une grande surface; le dessin de la dentelle sera plus léger, fait de points et de fils, laissant des jours et des espaces en évitant de trop lourds placards; s'agit-il de vitrail, le dessin sera en quelque sorte découpé en compartiments fermés de plomb et prendra une autre allure encore. Et pour chaque industrie, il faudra chercher une interprétation *ad hoc*. Ceci dit assez combien l'art décoratif offre de ressources et de débouchés.

Nous ne nous étendrons pas davantage sur un sujet qui n'intéresserait que des spécialistes; ce livre du reste ne nous permet point d'étudier des matières aussi longues que difficiles à traiter et dont chacune nécessiterait une expérience de métiers qui ne sont pas de notre ressort.

CONCLUSION

La vue de ce mot « *conclusion* » s'étalant en belles capitales au milieu de cette page, vous fait bondir d'aise sans nul doute, aimables lecteurs ; j'avoue que vous avez raison car, vraiment, quelque peine que j'aie pu prendre pour être aussi peu ennuyeux que possible, ce que je vous ai raconté n'a rien de follement amusant!... Mais que voulez-vous? l'utile ne l'est pas toujours, amusant ! j'ai cru, en griffonnant ces feuillets que, dans le nombre, quelques-uns au moins pourraient vous être utiles...

Vous connaissez certes, les fleurs beaucoup mieux que moi en tant que fleurs à regarder et à respirer, car vous avez beaucoup frayé avec elles, mais peut-être n'aviez-vous pas songé d'abord à certaines d'entre elles, ensuite à tous les prétextes de crayonner ou de peindre qu'elles font naître, à toutes les applications auxquelles elles prêtent...

Et, maintenant si j'ai été plus long que vous ne l'eussiez voulu, j'avoue que, moi, j'ai été plus bref que je ne l'eusse désiré ; causer avec vous est un plaisir extrême et Dieu sait pour combien de temps j'en aurais eu encore si je n'avais vu, à votre air distrait, que vous ne m'écoutiez plus. Alors... alors, je me suis arrêté bien vite et je vous ai priées d'agréer mes hommages avec ces quelques fleurs; à vous Mesdames

J'offre ces violettes
Ces lys et ces fleurettes
Et ces roses icy,
Ces vermeillettes roses
Tout fraischement écloses
Et ces œillets aussi.   (*Joachim du Bellay.*)

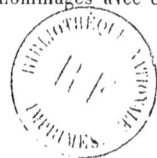

TABLE DES GRAVURES[1]

[1] Les aquarelles et planches hors texte n'étant pas paginées, le numéro porté ici est celui de la page vis-à-vis de laquelle chacune d'elles est placée.

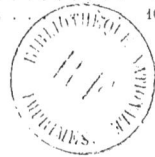

TABLE DES MATIÈRES

PREMIÈRE PARTIE

Les fleurs dans la nature

DEUXIÈME PARTIE

La fleur dans la décoration

1356-95. — Corbeil. Imprimerie Éd. Crété.

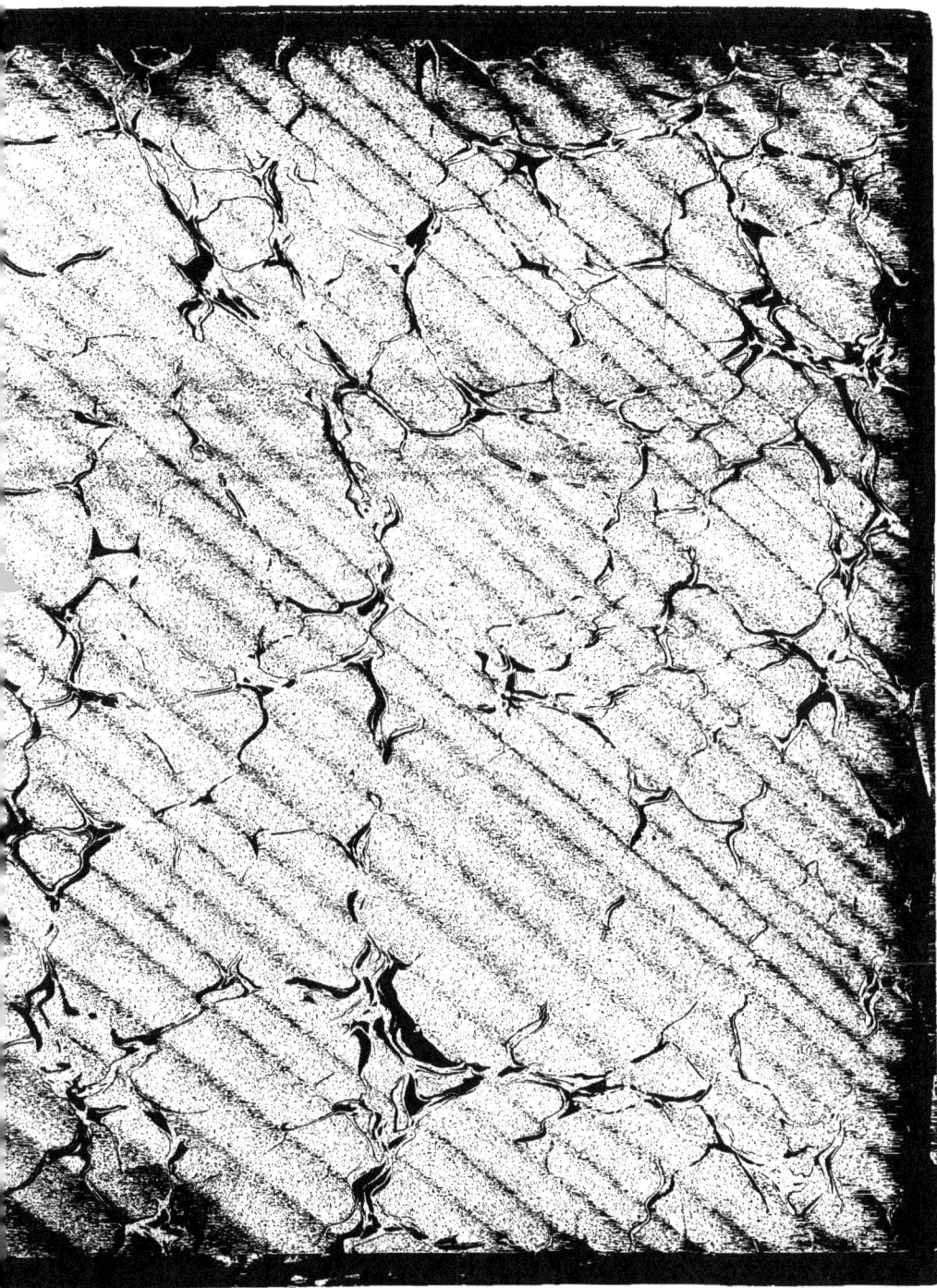

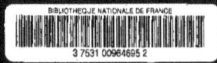

www.ingramcontent.com/pod-product-compliance
Lightning Source LLC
Chambersburg PA
CBHW072305210326

41519CB00057B/2658